マダガスカル島の自然史

マダガスカル島の自然史

長谷川 政美

分子系統学が解き明かした
巨鳥進化の謎

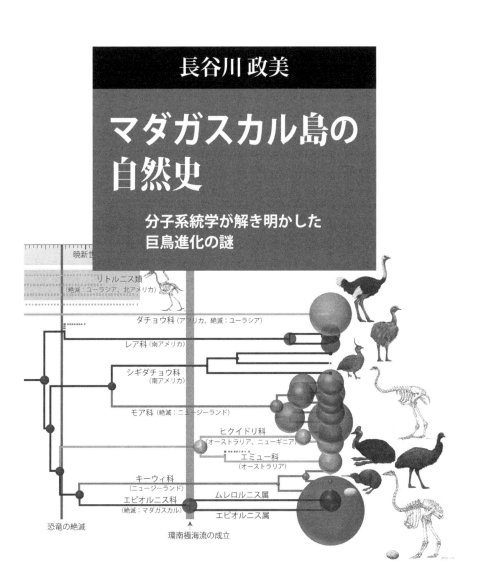

海鳴社

目　　次

口　　絵 ……………………………………… i

はじめに ……………………………………… 9

第 1 章　マダガスカルの歴史 ……………… 13
  マダガスカルの地史　　　　　　　　　　　　13
  マダガスカルの生き物の由来　　　　　　　　16
  マダガスカルの環境　　　　　　　　　　　　18
  マダガスカルの生き物とヒトとの関わり　　　22

第 2 章　生命の樹と分子系統学 …………… 26
  生命の樹と分子系統学　　　　　　　　　　　26
  小学 2 年生の疑問　　　　　　　　　　　　　26
  リンネの階層分類からダーウィンの生命の樹　29
  生命の樹・系統樹　　　　　　　　　　　　　33
  系統樹曼荼羅　　　　　　　　　　　　　　　33
  収斂進化　　　　　　　　　　　　　　　　　35
  分子系統学の登場　　　　　　　　　　　　　37
  なぜ分子系統学が有効か　　　　　　　　　　38
  適応的な分子進化　　　　　　　　　　　　　46

初期の分子系統学	*47*
最尤法による分子系統樹推定	*49*
塩基置換モデル	*54*
間違った分子系統樹	*56*
赤池情報量規準AIC	*59*
分子系統樹推定の統計学	*61*
大量の種を含む分子系統樹の推定	*63*

第3章　真獣類の進化 …………………… *66*

分子系統学が明らかにした意外な関係	*66*
真獣類の3大系統と大陸移動	*67*
大陸移動だけでは説明できない動物の分布	*69*
新世界ザルの起源	*72*
ダーウィンの「海を越えた漂着」の考え	*75*
真獣類の3大系統がほとんど同時に分岐したように見えるのはなぜか？	*77*
ダーウィンの悩み	*78*

第4章　マダガスカル哺乳類の起源 …………… *81*

マダガスカル哺乳類相の特徴	*81*
キツネザル	*82*
キツネザルの起源に関する2つの仮説	*91*
ロリス下目の出インド起源説の可能性	*94*
テンレック亜科	*96*
マダガスカル食肉類	*100*
マダガスカルのネズミ科	*102*
マダガスカル哺乳類の祖先たち	*103*
マダガスカルのコウモリ	*105*
マダガスカルの絶滅した哺乳類たち	*105*

目　次

　　ジェントルキツネザルの解毒能力進化　　　　　　　　　　*109*

第5章　象鳥の起源 …………………………………… *113*
　　象鳥とは　　　　　　　　　　　　　　　　　　　　　　*113*
　　走鳥類 ── 飛べない鳥のグループ　　　　　　　　　　　*117*
　　象鳥DNAの初期の解析　　　　　　　　　　　　　　　　*119*
　　象鳥会議　　　　　　　　　　　　　　　　　　　　　　*120*
　　象鳥に一番近いのはキーウィ　　　　　　　　　　　　　*124*
　　論文発表で先を越される　　　　　　　　　　　　　　　*130*
　　象鳥の古代DNA解析の第2ラウンド　　　　　　　　　　*130*
　　古顎類進化のシナリオの再検討　　　　　　　　　　　　*132*
　　北半球にいた絶滅古顎類リトルニスの系統的位置　　　　*134*
　　古顎類の祖先は小さな飛べる鳥だった　　　　　　　　　*137*
　　古顎類進化の新しいシナリオ　　　　　　　　　　　　　*138*
　　海を越えた移住　　　　　　　　　　　　　　　　　　　*141*
　　南極大陸 ── 進化の十字路　　　　　　　　　　　　　　*143*
　　巨大な卵は本当に象鳥のものか？　　　　　　　　　　　*144*
　　ついに論文発表　　　　　　　　　　　　　　　　　　　*147*
　　象鳥がマダガスカルの生態系で果たしていた役割　　　　*149*
　　なぜマダガスカルで巨大な象鳥が進化したのか？　　　　*153*

第6章　マダガスカルの現生鳥類、
　　　　　および爬虫類と両生類 ……………… *156*
　　現生鳥類　　　　　　　　　　　　　　　　　　　　　　*156*
　　カメレオン　　　　　　　　　　　　　　　　　　　　　*164*
　　そのほかのトカゲ・ヘビ類　　　　　　　　　　　　　　*167*
　　ワニ　　　　　　　　　　　　　　　　　　　　　　　　*169*
　　カメ　　　　　　　　　　　　　　　　　　　　　　　　*172*
　　カエル　　　　　　　　　　　　　　　　　　　　　　　*174*

第7章　マダガスカルの節足動物　……………… *178*
　ダーウィンが予言したガ　　　　　　　　　　*178*
　そのほかの節足動物　　　　　　　　　　　　*183*

第8章　マダガスカルの植物　………………… *188*
　バオバブ　　　　　　　　　　　　　　　　　*188*
　乾燥に適応した植物　　　　　　　　　　　　*191*
　マダガスカルにおけるそのほかの植物　　　　*195*
　ヴァンタニ：腐生植物　　　　　　　　　　　*201*
　送粉や種子散布に果たすキツネザルの役割　　*203*
　生き物のつながり　　　　　　　　　　　　　*204*

お　わ　り　に　……………………………………… *207*

参　考　文　献　……………………………………… *209*

索　　　引　………………………………………… *220*

口絵1 羊膜類の系統樹と爪の分布

羊膜類の共通祖先は、蹄、平爪、かぎ爪をもっていたと考えられる。系統樹上に並べられたさまざまな動物はP.27を参照。

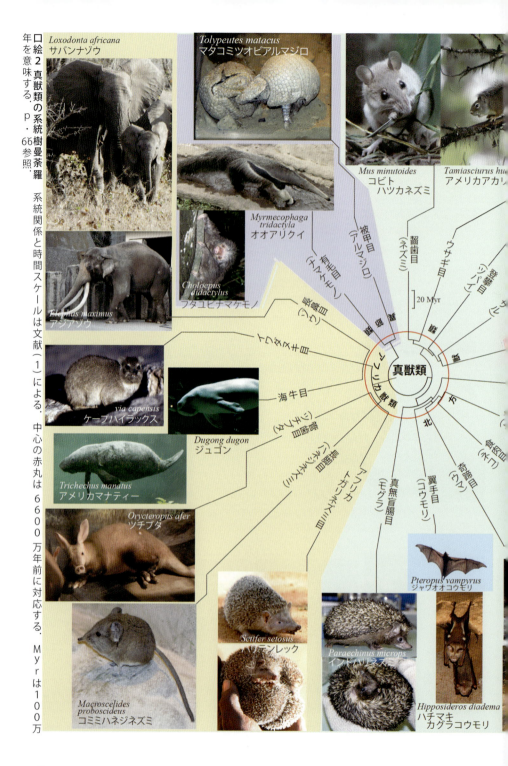

口絵2 真獣類の系統樹曼荼羅 系統関係と時間スケールは文献（1）による．中心の赤丸は6600万年前に対応する．Myrは100万年を意味する．p.66参照．

口絵3 霊長目の系統 樹曼荼羅 系統関係と時間スケールは文献（1）による．中心の赤丸は6600万年前に対応する．p. 89参照．

(口絵4)霊長目・曲鼻猿亜目・キツネザル下目の系統樹曼荼羅 系統関係と時間スケールは文献(2)による.P.92参照

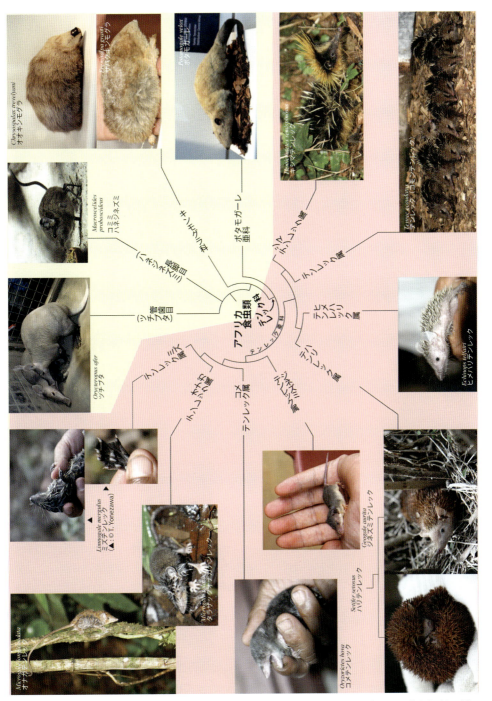

口絵5 アフリカ食虫類の系統樹
アフリカ食虫類を構成するアフリカトガリネズミ科・キンモグラ科・テンレック科の98ンP・参照). テンレック科はマダガスカル島のみに分布する食虫類で,テンレック亜科とボタモガーレ亜科とからなる. 背景色はそれぞれの系統関係を示す(系統関係は文献(3)のアフリカ大陸の食虫類との関係も参照).

口絵6 食肉目・ネコ亜目の系統樹

ネコ亜目のうち、マダガスカルのみに生息するマダガスカルマングース科を含む群がコニネコ科の姉妹群で、マダガスカルマングース科とネコ科を合わせた系統がマングース科・ハイエナ科・ジャコウネコ科であるP.101の食肉類の系統関係と時間スケールの文献(4)を参照して作成した。

ド口絵7 古顎類の系統樹

キーウィ科の系統関係は文献(5)によるエピオルニス科P・1 2 7. 一番近いのがニュージーランドのキーウィ科であるマダガスカルのエピオルニス科と参照

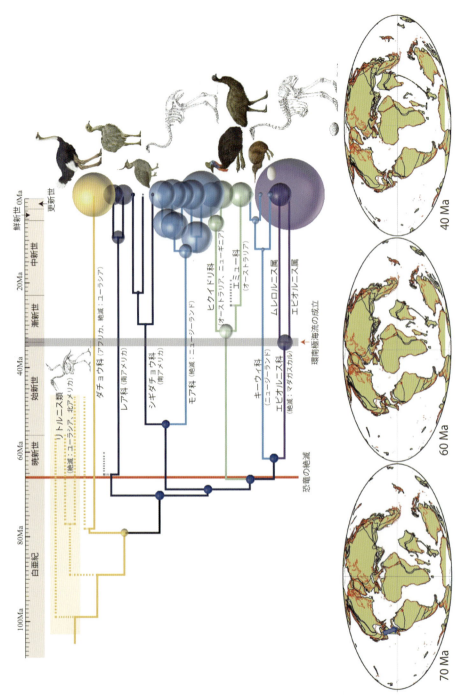

口絵8 古顎類の系統関係と分岐年代、大陸分布(文献5より。図中の円は古顎類のFigueiredoら4によって描かれた最も新しい系統樹に従っている。Maは百万年前。1しか残っていないが、2もすれば3とし4考える初生代)

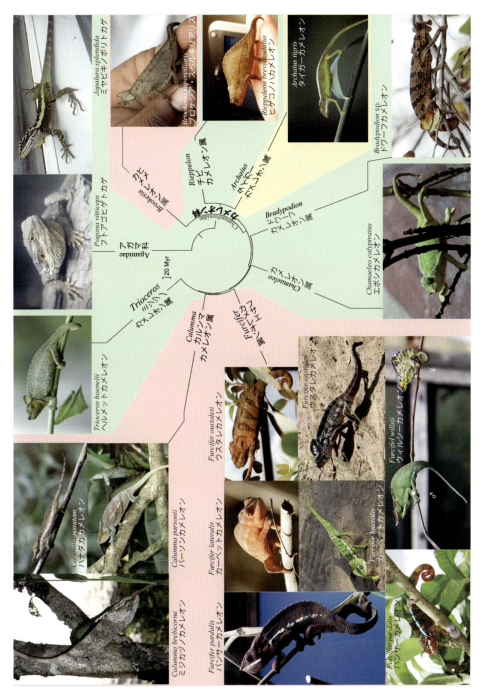

口絵9 カメレオンの系統樹とカメレオンの写真 カメレオン科の系統関係はまだ曖昧なままだが、Tolley et al. (2013) によると、カメレオン科はアガマ科と約6500万年前に分岐したとされる。ピグミーカメレオン属の写真は Hans Stieglitz による (https://en.wikipedia.org/wiki/Rieppeleon_brevicaudatus)、タイガーカメレオンの写真は Kamalnv による (https://en.wikipedia.org/wiki/Archaius_tigris#/media/File:Calumma_tigris-2.jpg)。背景色が黄色のカメレオンはマダガスカルに、ピンク色のカメレオンはアフリカに、緑色のカメレオンは両地域に分布する。時間スケールは文献(6)を参照。

xi

▲口絵 10　マダガスカル南部フォーカップの海岸に散らばっている象鳥エピオルニス・マキシマス *Aepyornis maximus* の卵殻とマダガスカルミツメトカゲ *Chalarodon madagascariensis*（イグアナ科）P. 116, P. 167 など 参照.

▲口絵 11*a*　ウンカリーナ・ステルリフェラ *Uncarina stellulifera* の花（マダガスカル南西部 チュレアール近郊にて）P. 151 参照.

▲口絵 11*b*　ウンカリーナ・ステルリフェラ *Uncarina stellulifera* の実（進化学研究所所蔵標本）　最大の象鳥エピオルニス・マキシマス *Aepyornis maximus* の分布していた地域に生えており、この巨鳥が種子散布に関与したことが考えられる。P. 151、P.153 参照.

▲口絵12*a* ウンカリーナ・ペルタータ *Uncarina peltata* の花（ツィンギ・ド・ベマラハにて） P. 151 参照.

▲口絵12*b* ウンカリーナ・ペルタータ *Uncarina peltata* の実（進化学研究所所蔵標本） P. 151 参照.

▲口絵13 マダガスカルヒメショウビン *Corythornis madagascariensis*（カワセミ科；アンジュズルベにて） P. 160 参照.

▲口絵 14 マダガスカルサンコウチョウ *Terpsiphone mutate*（カササギヒタキ科；ペリネにて） P. 160 参照.

▲口絵 15 アルダブラタイヨウチョウ *Nectarinia souimanga*（タイヨウチョウ科；アンタナナリヴ近郊にて） P. 161 参照.

▲口絵 16 マダガスカルレンカク *Actophilornis albinucha*（チドリ目レンカク科；ムルンダヴァ近郊にて）湖や池に生息し，昆虫やそのほかの無脊椎動物，水生植物の種子などを食べる．背景に写っている木は，ディディエバオバブ *Adansonia grandidieri*. P. 164 参照.

▲口絵12a　ウンカリーナ・ペルタータ *Uncarina peltata* の花（ツィンギ・ド・ベマラハにて）　P. 151 参照.

▲口絵12b　ウンカリーナ・ペルタータ *Uncarina peltata* の実（進化学研究所所蔵標本）　P. 151 参照.

▲口絵13　マダガスカルヒメショウビン *Corythornis madagascariensis*（カワセミ科；アンジュズルベにて）　P. 160 参照

▲口絵 14　マダガスカルサンコウチョウ *Terpsiphone mutate*（カササギヒタキ科；ペリネにて）　P. 160 参照.

▲口絵 15　アルダブラタイヨウチョウ *Nectarinia souimanga*（タイヨウチョウ科；アンタナナリヴ近郊にて）　P. 161 参照.

▲口絵 16　マダガスカルレンカク *Actophilornis albinucha*（チドリ目レンカク科；ムルンダヴァ近郊にて）　湖や池に生息し，昆虫やそのほかの無脊椎動物，水生植物の種子などを食べる．背景に写っている木は，ディディエバオバブ *Adansonia grandidieri*.　P. 164 参照.

◀口絵 17（写真左）フリンジヘラオヤモリ *Uroplatus fimbriatus*（写真が示すように，このヤモリは樹皮の色に溶け込んで目立たない）P. 167 参照．
口絵 18.（写真右）ヘリスジヒルヤモリ *Phelsuma lineata*（ペリネにて）P. 167 参照．

▲口絵 19 マダガスカルカエル科 Mantellidae のカエル *Uroplatus fimbriatus* **a**. ピュロスマダガスカルアオガエル *Boophis pyrrhus*，**b**. キンイロアデガエル *Mantella aurantiaca*，**c**. ウルワシグイベガエル *Guibemantis pulcher*（ペリネにて）．P. 175 参照．

▲口絵 20 マダガスカルのクサガエル科 Hyperoliidae のカエルであるマダガスカルクサガエル属 ©倉林敦 **a**. *Heterixalus alboguttatus*，**b**. *Heterixalus betsileo* P. 176 参照．

▲口絵 21 マダガスカルのアフリカアカガエル科 Ptychadenidae のカエル *Ptychadena mascarensis*（アンジュズルベにて）．P. 177 参照．

▲口絵 22*a* マダガスカルタテハモドキ *Junonia rhadama*（ムルンダヴァにて）P. 183 参照．

▲口絵 22*b* マダガスカルタテハモドキ♂ *Junonia rhadama*（ムルンダヴァにて） このチョウの翅の色は構造色で，光の当たり具合や見る角度によって変化する．P. 183 参照．

▲口絵 23 アンテノールジャコウアゲハ *Atrophaneura anterior*（ムルンダヴァにて）P. 183 参照.

▲口絵 24 ニシキオオツバメガ *Chrysiridia* (*Urania*) *ripheus*（ツバメガ科；兵庫県立・人と自然の博物館所蔵）世界で一番美しいガと称されるが，食べると有毒であり，美しい色は捕食者に対する警告と考えられる．P. 183 参照.

▲口絵 25 キマダラドクバッタ *Phymateus saxosus*（マダガスカル西部ムルンベにて）このバッタも有毒で，派手な色も捕食者に対する警告と考えられる　P. 184 参照.

▲口絵 26 キリンクビナガオトシブミ *Trachelophorus giraffa* **のオス**（甲虫目ゾウムシ科）P. 185 参照.

▲口絵 27 オオベニハゴロモ *Phromnia rosea*（アオバハゴロモ科；マダガスカル・イサルにて）白いのは幼虫．P. 185 参照.

▲口絵 28 ホウオウボク *Delonix regia*（チュレアールにて）マダガスカル原産のマメ科植物．P. 198 参照.

##　はじめに

　マダガスカル島はアフリカ・モザンビークの東方、インド洋上に位置する。島の北端は南緯12°、南端は南緯25°付近である。この島の面積は日本の本州のおよそ2.6倍であり、地球上の島のなかではグリーンランド、ニューギニア、ボルネオ（カリマンタン）に次いで第4位の広さである。
　マダガスカル島の動物相にはほかではあまり見られない特徴がある。その1つは、マダガスカルはアフリカ大陸の近くに位置しているにもかかわらず、アフリカのサバンナで普通に見られるネコ科、ゾウ科、ウシ科、キリン科、ウマ科などの動物が全く生息していないことである。ライオン、ヒョウ、ゾウ、スイギュウ、レイヨウ、キリン、シマウマなどがいないのである。また霊長目では別の特徴が見られる。ヒヒやコロブスなどのオナガザル科やチンパンジーやゴリラなど類人猿を含むヒト以外の真猿類もこの島にはいない。その代わりに、この島のキツネザルの仲間の原猿類やテンレック類は、アフリカやほかの地域では見られない独自のものである。
　マダガスカルの動植物相の特徴としては、この島にしか生息しない種、つまり固有種の率が非常に高いことも挙げられる。哺乳類のうち、原猿類、テンレック類、マングース類の100％は、ほかの地域では見られない固有種である。つまりこの島でしか見られない珍しい動植物が多いのである。
　18世紀にこの島を訪れたフランスの博物学者フィリベール・コメルソン Philibert Commerçon（1727-1773）は、マダガスカルは博物学者にとっての約束された地であり、造化の神が最後にそれまでほかでは試さなかったような生き物を密かに造り上げた神秘の場所のように思われる、と述べている。このように変わった生き物が多いという特異性は、この島が長く孤立していたことに由来する。本書の目的はマダガスカルの地理的な孤立性

にのみ深くふれることではなく、この島の地質学的な歴史、つまり地史とあわせて、特異な動植物相がどのように進化してきたかを概観することである。そこには祖先が漂流して海を渡ってたどり着き、この新天地で爆発的な進化を遂げたドラマティックな物語もある。地球の歴史と生命の歴史は互いに深く関連している。現在地球上に生きている生物はどれも長い進化の歴史が生み出したものである。従ってマダガスカルに生きる動植物を理解するためには、「進化」の視点から彼らを見ることが不可欠なのである。

19世紀のアルフレッド・ラッセル・ウォーレス Alfred Russel Wallace（1823-1913）は、動物の分布をもとに世界を6つの動物地理区に分けた。旧北区（東南アジアを除くユーラシアとサハラ砂漠以北のアフリカ）、東洋区（ヒマラヤ以南の南アジア、東南アジア）、新北区（北アメリカ）、新熱帯区（南アメリカ）、オーストラリア区（オーストラリア大陸、ニューギニア）、それにサハラよりも南のアフリカとマダガスカルを含むエチオピア区である。基本的にはこのような動物地理区がつい最近まで使われてきたが、最近になって動物の類縁関係をあらわす系統樹も取り入れた上で、動物地理区を見直す動きが出てきた[7]。改定された動物地理区では、これまでのエチオピア区が熱帯アフリカ区とマダガスカル区とに分けられ、マダガスカルに独自の動物区が割り当てられるようになったのである。

マダガスカルでは今から6600万年前より以前の中生代白亜紀の化石はたくさん見つかっているが、それに続く新生代の化石はほとんど見つからない。本書で出てくる絶滅した巨大なキツネザルやエピオルニス科の象鳥の骨は完新世と呼ばれる、およそ1万年前以降の最近のものであり、化石ほど鉱物に置換されていないので半化石 subfossil と呼ばれている。本書で扱う生き物の多くについて進化の様子を知る上で重要な年代のもっとも古い化石がすっぽりと抜け落ちているのである。従って、例えば「現生のマダガスカルの哺乳類がいつ頃からこの島に住みついたのか？」などといった疑問に答えるような化石は皆無なのだ。

このような状況下でこの疑問に答えるには、現在生きているか、あるいは最近になって絶滅した生き物のDNAの塩基配列を解析することによって、過去の進化の過程を再構築する分子系統学に頼るしかない。生物進化

はじめに

の歴史を明らかにする第一歩が、共通祖先から枝分かれを繰り返しながら多様な生物種が進化してきた様子をあらわす系統樹の構築であり、そのための強力な技術が分子系統学である。本書では、近年の分子系統学の発展によって次第に明らかになってきたマダガスカルの生き物の歴史を紹介する。

ただし本書はマダガスカルというローカルな1つの島の自然史の紹介だけを目指したものではない。チャールズ・ダーウィン Charles Darwin（1809-1882）の進化論が誕生するにあたって、彼がビーグル号で訪れたガラパゴス諸島が重要な役割を果たしたことはよく知られている。ガラパゴス諸島は海の下から噴火して海面上に現れた火山島であり、地質学的には比較的最近になってできた島である。従ってガラパゴス諸島で見られる生物は、最初は全く生物がいなかった島に、大陸から生物が渡って来て独自の進化を遂げたもので、その進化の歴史は比較的分かりやすい[8]。ダーウィンがガラパゴスを訪れたことは彼が進化論を発展させる上では幸運だったといえるだろう。ビーグル号航海の終わり近くになってダーウィンはマダガスカルの近くを通過するが、この島に立ち寄ることはなかった。彼がガラパゴスに行かずにこの島を調査していたら、彼の考えはもっと混乱したものになっていたかもしれない。

一方、マダガスカルは中生代にはゴンドワナ超大陸の中心部に位置していて、当時は恐竜も闊歩していた。そのゴンドワナ超大陸が次第に分裂して、およそ7500万年前までには孤立した島になったのである。従って、現在この島には、ゴンドワナ超大陸の時代から続く系統の子孫と、そのあと大陸から渡って来てそれまでいた生物に打ち勝って生き残った系統とが併存している。実際には後者のほうが多いことが最近の研究で明らかになってきた。そのようなわけで、マダガスカルにおける生物進化の歴史は、ガラパゴスのものにくらべてより複雑かつ大規模で、ダイナミックなものだったといえる。本書ではそのようなマダガスカルにおける生物進化の歴史の紹介を通じて、進化生物学の基本的な考えかたも見ていこう。

2018年9月吉日

第1章　マダガスカルの歴史

■マダガスカルの地史

　地球上の大陸はプレート運動によって超大陸にまとまったり、それが分裂したりということを繰り返してきた。これを大陸移動という。ほとんどすべての陸地が1つにまとまった一番最近の超大陸は、古生代最後のペルム紀が終わり中生代最初の三畳紀が始まるおよそ2億5000万年前に存在したパンゲアだった。この超大陸はおよそ1億8000万年前のジュラ紀に北のローラシアと南のゴンドワナに分裂した。その頃マダガスカルはゴンドワナ超大陸の一部であったが、超大陸の分裂はさらに進み、白亜紀の末には孤立した島になった。マダガスカルにおける現在の生物相を理解するためには、まずこのような地球の歴史・地史を知らなければならない。

　白亜紀が始まる頃のマダガスカルはゴンドワナ超大陸の一部であって、その中心部に位置していた。その西側から北側には現在のアフリカ大陸、東側にはインド、南側には南極大陸が接していた。ゴンドワナ超大陸はその後次第に分裂し、およそ1億3000万年前にまずインドとマダガスカルの合わさった陸塊がアフリカから分かれた（図1-1*a*）。この陸塊はインディガスカル Indigascar と呼ばれる[9]。この陸塊はレムリア大陸というもっとロマンを誘う名前で呼ばれることもある[10, 11]。

　続いておよそ1億500万年前になるとアフリカと南アメリカが分かれた（図1-1*b*）。その頃はまだインドとマダガスカルはインディガスカルとしてつながっていたが、すでに南極やオーストラリアなどほかの大陸からは離れた位置にあった。その後、7500万年前までにはインドがマダガスカ

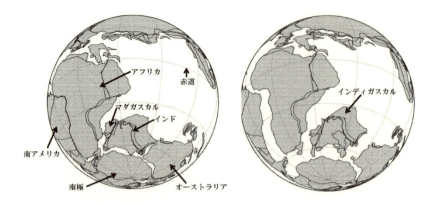

a 1億3000万年前　　　　　　　　　*b* 1億500万年前

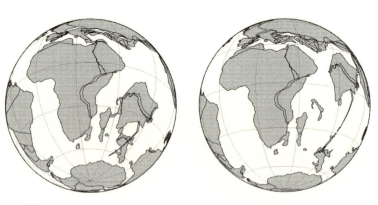

c 7500万年前　　　　　　　　　*d* 4500万年前

▲図1-1　**ゴンドワナ超大陸の分裂**　(*a*) 1億3000万年前の南半球の大陸配置．ゴンドワナ超大陸が分裂を開始して，マダガスカルとインドの塊がアフリカから分離．(*b*) 1億500万年前になると南アメリカがアフリカから分離．その頃までにマダガスカルとインドの塊は現在の南極大陸から離れ，インディガスカルという島大陸に．(*c*) 7500万年前の大陸配置．この頃までにインディガスカルがマダガスカルとインドに分裂し，インドは北上．(*d*) 4500万年前．インドがユーラシアと陸続きになる．(それぞれの時期の分裂の模様は，ODSN Plate Tectonic Reconstruction Service の地図描画エンジン（http://www.odsn.de/odsn/services/paleomap/paleomap.html）を利用して作成)．

第1章　マダガスカルの歴史

▲図1-2　マダガスカルの地図

ルから離れて北上を開始し、およそ4500万年前にユーラシア大陸と陸続きになった。インドはその後も北上を続けてユーラシア大陸の下にもぐり込み、大陸地殻同士の激しい動きによってヒマラヤ山脈やチベット高原が形成された。ユーラシア大陸と陸続きになるまでのインドは、現在チベット高原の下に入り込んでいるものも含むので、今のインドよりもずっと大きく、大インドと呼ばれる。大インドと分かれたあとのマダガスカルはそ

の後もほぼ現在の位置に留まり、孤立した島であり続けた。

　マダガスカル島はヒトの左足のかたちをしているといわれる（**図1-2**）。親指の先が北端に位置するアンツィラナナ Antsiranana（1975年まではディエゴスアレス Diego Suarez と呼ばれていた）、踵の先が南端のフォーカップ Faux Cap（ベタンティ Betanty）である。フォーカップの海岸には、今でも、第5章の主役・象鳥の卵殻がたくさん散らばっているのが見られる（**口絵10**）。西側の海岸線は現在対岸に位置するアフリカのモザンビークとは一致せず、現在はもっと北のほうに位置するソマリア、ケニア、タンザニアの海岸線と一致する。アフリカがマダガスカルから分かれたあとで北上したのである。1億3000万年前の古地図（**図1-1a**）では赤道がエジプトの北端近くを通っているが、現在ではエジプトのカイロは北緯30度に位置している。アフリカは南半球の大陸のイメージがあるが、現在、面積的には北半球の地域のほうが広いのである。一方、マダガスカルの東側インド洋に面する海岸線は長く直線状に伸びていて、インドの西海岸線とよく似ている。

　赤道が南北長のほぼ中心を通っている現在のケニアとくらべると、マダガスカルは、かなり南に位置するが、南西部のチュレアール Tulear（トゥリアラ Toliara）付近を南緯23度26分22秒の南回帰線が通っているので、マダガスカルのほぼ全土は熱帯地域に入るといえる。しかし、首都アンタナナリブ Antananarivo のある中央高地は標高が高いために比較的温暖な気候である。

■マダガスカルの生き物の由来

　このようなマダガスカルの地史は、そこに生息する生き物にも反映されている。例えばこの島には、マダガスカルミドリオオタマヤスデ（**図1-3**）という動物がいる。一見、節足動物甲殻類のダンゴムシのように見えるが、節足動物多足類のヤスデである。敵に襲われるとダンゴムシのように球形に丸まって身を守る。タマヤスデの仲間はマダガスカルのほかに、

第 1 章　マダガスカルの歴史

アフリカ、オーストラリア、ニュージーランド、インド、東南アジアなどに分布する。
　これら世界各地のタマヤスデの系統関係を調べるため DNA 配列をもとに分子系統樹を描いてみると、マダガスカルのタマヤスデに一番近縁なのは、インドのタマヤスデだということが分かった[12]。このことは、マダガスカルが最後まで陸続きだったのがインドだという地史を反映していると考えられる。およそ 7500 万年前までにインディガスカルが分裂してインドがマダガスカルから分かれた（図 1-1c）ことに伴って、それぞれの島に乗っかっていたタマヤスデの二つの系統が分かれたと解釈されるのだ。
　タマヤスデのように歴史の古い動物の場合は、大陸の分断が生き物の系統の分岐を直接引き起こしたと考えられる例もあるが、多くの場合それほど単純な解釈は成り立たない。海を隔てて分断された島の間では通常は行き来することが不可能だと思われる生き物でも、進化学が対象とする長い時間の間には、たまたま漂着するなどして移住することが起こり得る。

▲図 1-3　マダガスカルミドリオオタマヤスデ *Sphaerotherium hippocastaneum*（ペリネにて）　一見，ダンゴムシ（節足動物門・甲殻亜門）のように見えるが，ヤスデ（節足動物門・多足亜門）である．この生き物の DNA が，かつてインドとマダガスカルがつながっていた歴史を反映している．

▲図 1-4　マダガスカル中央高地のアンドリンチャ国立公園　ここで一番高い山は，マダガスカル第二の標高 2658 m を誇る．

　以下の章で見ていくように、現在マダガスカルで見られる多様な生き物の多くは、およそ 7500 万年前にインドがマダガスカルから分かれた当時この島に残っていたものの子孫というよりも、その後大陸からこの島に渡ってきたものの子孫なのである。

17

■ マダガスカルの環境

マダガスカルでは、冬の間（5月から9月）は島の南東方向のインド洋から貿易風が吹き込むが、島の中央には南北に高地がそびえているために（図1-4）、島の東側にはたくさんの雨が降る一方、西側は非常に乾燥した気候になる。夏の間（10月から4月）はアフリカ大陸からの季節風が強くなり、島の西側でも雨が降るが、年間を平均すると東側に比べて降水量は少なく西側でも南に進むほど降水量は少なくなる傾向がある。このような気候は植生や動物の分布にも大きな影響を及ぼしてい

▲図1-5 マダガスカル中央高地の東側の降雨林に生息するインドリ *Indri indri*（アンジュズルベにて）

▲図1-6 マダガスカル南部の乾燥地帯に生えるデカリア・マダガスカリエンシス *Decarya madagascariensis*（ディディエレア科；ベレンティにて） ジグザグノキともいう．この植物は短い雨期にまばらな小さい葉が出るが，すぐに落ちてしまう．葉が落ちても，光合成は枝が行うという[13]．枝にも葉緑体があって，光合成ができるのである．葉があると水分を失いやすいので，乾燥に対する適応といえる．

第 1 章　マダガスカルの歴史

▲図 1-7　マダガスカル南部の乾燥地帯に生えるアルオウディア *Alluaudia* sp.（ディディエレア科；ベレンティにて）　刺のある多肉植物で，雨季になるとこのように幹から直接葉を茂らせる．シロアシイタチキツネザルが潜んでいた（写真中央）．

る。そのため、マダガスカルの東部には降雨林が広がっている。図 1-5 のインドリの写真は、そのようなアンジュズルベの降雨林で撮られたものである。一方、マダガスカル西部には乾燥林が広がり、西南部から南部にかけては半砂漠有棘(きょく)林が広がる乾燥地帯である（図 1-6、図 1-7）。

またマダガスカル各地には中央高地に源をもつ大きな川がたくさん流れている。マダガスカルでは図 1-8 のような大きな川がいたるところに流れていて、多様な生態系を保つのに貢献している。川には橋が架かっていない

▲図 1-8　マダガスカルの大きな川　マダガスカルではこのような大きな川がいたるところに流れていて，多様な生態系を保つのに貢献している．

19

▲図 1-9　ツインギ・ド・ベマラハ国立公園・厳正自然保護区の針岩　この地域は 1990 年に世界遺産に登録された．針岩は鋭利な刃物のようであり，ゴム底の靴はすぐに穴が開いてしまう．

▲図 1-10　デッケンシファカ　*Propithecus deckenii*（ツインギ・ド・ベマラハにて）　針岩ツインギに囲まれて点在する小さな森にはたくさんの種類のキツネザルが棲んでいる．針岩にも出かけていくこのデッケンシファカは，手足の裏に厚い肉趾を発達させ，針岩の上を自由に歩くことができる．口絵 4 に出てくるヴェローシファカ *Propitecus verreauxi* の頭は黒いが，デッケンシファカの頭は真っ白である．

第 1 章　マダガスカルの歴史

ことが多い。これはムルンダヴァからツインギ・ド・ベマラハ（**図 1-9**）に行く途中のツィリビヒナ川 Tsiribihina である。この川はマダガスカルの四大河川の 1 つであるが、このように車ごと渡し船で運んでもらわなければならない。この写真は 11 月 18 日のものであるが、間もなく雨期に入るとこの渡し船も使えなくなり、数か月間交通が遮断される。ムルンダヴァからベマラハに行くには、この先にもう 1 つこのようにして渡らなければならないマナンブル川 Manambolo がある。それを渡ってようやくツインギ・ド・ベマラハにたどり着くことができるのだ。

　今世紀の始めにはマダガスカルのキツネザルは 33 種とされていた。ところが現在では 98 種とされている。10 数年の間で種数がこれほど増えたいちばんの理由は、これまで形態からは区別できなかった集団が、DNA の解析によって遺伝的には分化していることが明らかになり、そのために別種として扱われるようになった例が多いからである[14]。このように遺伝的には別種のレベルにまで分化しているにもかかわらず、形態的にはほとんど区別できない種のことを隠蔽種という。大きな川で分断された結果、生息環境があまり違わないために、形態的には分化しなかったのに、遺伝的には大きな違いが生じたということである。

　中央高地のアンドリンチャ Andringitra 国立公園は海抜 650 m から 2658 m の範囲に広がり（**図 1-4**）、そこではさまざまな動植物を見ることができる．ここのワオキツネザルは海抜 2500 m でも観察されており、高地に適応して低地のものよりも体毛が密である。また体毛が低地のものよりも茶色っぽくなっている。

　マダガスカルで見られる特異な地形に、針岩のツインギがある（**図 1-9**）。カミソリの刃のように鋭利な針の岩山が連なっている。日本でもよく見られるカルスト地形と同じように石灰岩が水に浸食されてできた地形であるが、ツインギの場合は雨が直接石灰岩を溶かすことによって独特の針岩地形ができたと考えられる[15]。このようなツインギは、マダガスカルのいくつかの場所で見られる。そのなかでツインギ・ド・ベマラハ　Tsingy de Bemaraha はマダガスカル西部に位置する。西部は一般には乾燥地帯であり、針山には

21

乾燥に適応した動植物が多く見られる。しかし、針岩に囲まれて点在する森で見られる植物は、乾燥地帯のものというよりは、東部の降雨林でも見られるものが多い。そこにはさまざまなキツネザルが生息している（図1-10）。

■マダガスカルの生き物とヒトとの関わり

　最初に人類がマダガスカルに到達したのは、今からおよそ2300年前であったという[16]。マダガスカルで最も古い人類の痕跡は、パレオプロピテカス・インゲンス Palaeopropithecus ingens という絶滅したキツネザルの骨に石器でヒトがつけたと思われる跡であり、それがおよそ2300年前のものなので、その頃ヒトがやってきたと考えられる[17]。しかしそうだからといって、この時期からマダガスカルにヒトが定着して住み続けたとは言えない。このヒトは漂流してこの島にたどり着いたが、子孫を残さなかったのかもしれないからである。

　長期にわたる住居跡の最も古いものは、西暦8世紀のものだという[18]。マダガスカルに最初に定着したひとたちは、アフリカからではなく、はるかに離れたインドネシアからやってきたと考えられている。その後アフリカからやってきたひとたちもいるので、現在のマダガスカル人の遺伝的な構成は複雑であるが、マダガスカル全域で話されているマダガスカル語は、ボルネオ（カリマンタン）高地のものに近いという。これは南太平洋へも拡がったオーストロネシア語族の一部である。

　オーストロネシア人との関わ

▲図1-11　安定性を増すためにアウトリガーと呼ばれる浮きを取り付けたカヌー（マダガスカル西部ムルンダヴァ近くのモザンビーク海峡）オーストロネシア語族を話す人々とともに拡がったと考えられている．このような小さなカヌーでもアウトリガーをつけたものは、外洋に出ていくこともできる．

▲図1-12　マダガスカルのニワトリ（アンジュズルベにて）　このニワトリの祖先は，最初のマダガスカル人が東南アジアから持ち込んだものと考えられる.

▲図1-13　ゼブー（コブウシ；ベレンティにて）　マダガスカルのゼブーの祖先は，アフリカから持ち込まれたと考えられる.

りは、現在でもマダガスカルの西海岸で広く使われているカヌーにつけられたアウトリガーで見られる（図1-11）。アウトリガーを取り付けたカヌーは安定性が高く、小さいものでも外洋に出ることができる。このような装置は最初にマダガスカルにやって来た祖先が持ち込んだものである。またマダガスカルの人たちは米を主食としており、米をといで炊くという東南アジアなどで広く伝わる伝統を引き継いでいる。マダガスカル人

の一人あたりの米の消費量は世界一という。

　ニワトリ（**図1-12**）も最初にこの島に渡って来たオーストロネシア人が持ち込んだものと思われる。ニワトリはおよそ1万年前にインドと東南アジアでヤケイを家禽化したものと考えられるが、その後世界各地に拡がって多くの品種が生まれた。遺伝子を解析するとマダガスカルのニワトリは東南アジアの系統であることが分かった[19]。アフリカのニワトリには、インド由来と東南アジア由来の2つの系統があり、前者はインドから西アジアを経由してアフリカに伝わったものであり、後者はマダガスカルを経由して伝わったものと考えられる。

　マダガスカルで家畜として重要な動物としてゼブー（コブウシ）がある（**図1-13**）。ゼブーはマダガスカルでは富の象徴であり、マダガスカルの入国査証や紙幣にも描かれている。ゼブーも南アジアで家畜化されたものであるが、最初のマダガスカル人が東南アジアから運んでくるには当時の航海術ではさすがに大き過ぎたと思われる。こちらはあとの時代になってアフリカから持ち込まれたものであろう。

　最初に人類がマダガスカルにやってきた頃には、この島には大型のキツネザルや象鳥のような大型走鳥類がたくさん生息していた。これらの大型動物の主要な食べ物は、植物だったと考えられる。大型植物食動物の糞に生育するスポロルミエラ属 *Sporormiella* という糞生菌類の胞子化石は、その当時大型植物食動物がどのくらい多く生息していたかの指標になるが、マダガスカルでこの糞生菌類の胞子を調べてみたところ、ヒトがマダガスカルに到達したと思われる頃から胞子の量が急速に減少したことが分かった[20]。つまりヒトの到達と時をあわせて大型植物食動物の衰退が始まったのである。それがヒトによって引き起こされたものか、あるいはたまたまその頃に起こった気候変動などによるものかは分かっていない。その後西暦900年頃から胞子の量が再び増え始める。これはヒトが家畜を飼い始めたからだと考えられる。

　2300年前のパレオプロピテカス・インゲンスの骨に石器でヒトがつけたと思われる跡が見られることは、初期のマダガスカル人がこれらの大

型植物食動物を狩りの対象としていた可能性を示唆するが、その後ずっとマダガスカルに継続してヒトが住み続けた証拠はなく、これらの動物はすぐに絶滅したわけでもなかった。パレオプロピテカス・インゲンスの一番新しい半化石の年代は今から 510 ± 80 年前とされており、最初にヨーロッパ人がマダガスカルにやってきた西暦 1500 年頃にはまだ生息していた可能性がある[16]。継続してヒトが住み続けたことが確認される西暦 8 世紀以降も数百年間は、このキツネザルが生息していたことは確かである。

マダガスカルではないが、およそ 1 万 3000 年前の最終氷期末に、北アメリカで長鼻目のマンモス、やはり長鼻目のマストドン、地上性ナマケモノ（メガテリウム科エレモテリウム）などの大型植物食哺乳類が絶滅した。ちょうどその頃、クロービス人という最初のアメリカ先住民がユーラシアからやってきたことが分かっているため、彼らの狩りがこれら大型植物食哺乳類絶滅の原因ではないかと考えられた。

先に述べたように、大型植物食動物の糞に生育するスポロルミエラ属 *Sporormiella* の胞子化石は、大型植物食動物がどのくらい多く生息していたかの指標になる。この糞生菌類の胞子化石を調べてみると、北アメリカにおけるマンモス、マストドン、地上性ナマケモノなどの衰退はクロービス人の到来よりも 1000 年以上も前から始まっており、彼らの狩りが最終的な絶滅の原因だとしても、それだけでは絶滅は説明できないことが明らかになった[21]。マダガスカルだけではなく、ヒトが到達したあとで大型動物が絶滅した例は多いが、彼らの絶滅にヒトがどのように関わっていたかについては、まだ不明なことが多いのである。

第2章　生命の樹と分子系統学

■生命の樹と分子系統学

　この本の主題である「マダガスカル島の自然史」に入る前に、それを議論するための基礎として、以後の2章で、共通祖先から多様な生物がどのような歴史をたどって進化してきたかを研究する方法である分子系統学と、それを適用して明らかになってきた真獣類の進化について紹介する。分子系統学の方法を解説するにあたっては、少し数式が出てくることをご容赦願いたい。そのような部分は読み飛ばしていただいても構わないが、基本的な考えかたを大雑把にでもとらえていただければ幸いである。

■小学2年生の疑問

　私事で恐縮だが、夏休みに我が家に来ていた小学2年生になる孫娘を動物園に連れていったところ、彼女はカンガルーを見て驚いた。図2-1は彼女が撮ったカンガルーの写真である。

　何に驚いたかというと、

◀図2-1　小学校2年生の，筆者の孫娘が撮ったハイイロカンガルーのかぎ爪

そのカンガルーの爪が、ライオンやトラなどいわゆる猛獣の爪と同じくかぎ爪だったということである。彼女は、かぎ爪は猛獣が獲物を倒すときに使うものだと思っていたようで、植物食のカンガルーが猛獣のようなかぎ爪をもっている理由が理解できなかったのである。

筆者は、「それではほかの動物の爪はどうなっているか、調べてごらん」と言った。調べてみると、カンガルーの仲間の有袋類の爪は、肉食類も植物食獣も、すべてかぎ爪であった。卵を産む哺乳類である単孔類のカモノハシもかぎ爪、さらに鳥類、爬虫類もみんなかぎ爪であった。哺乳類のなかでメスが胎盤をもつ真獣類ではじめて、かぎ爪以外の蹄(ひづめ)や平爪(ひらづめ)が見つかるのである。ライオンやトラなどの食肉類はかぎ爪だが、ウシなどの偶蹄類、ウマなどの奇蹄類、ゾウなどの長鼻類などで蹄、霊長類で平爪（ただし霊長類のなかでもマダガスカルのアイアイのように平爪だけでなく、かぎ爪をもつものもいる）が見られる。

生物はすべて共通の祖先から進化してきたものである。1つの祖先が進化して2つの種に分かれ（種分化という）、それぞれの種がまた2つに分かれ、ということを繰り返しながら現在地球上で見られる多様な種が生まれた。これが、自然選択によって生物は進化するという考えとともに、チャールズ・ダーウィンとアルフレッド・ラッセル・ウォーレスの進化論の2本の柱の1つである。この枝分かれを繰り返しながら進化してきた生物の歴史を表現するものが系統樹である。

筆者の孫娘が調べたいろいろな動物を系統樹としてまとめると**口絵1**のようになる。これらは爬虫類、鳥類、哺乳類を含む分類単位で羊膜類(ようまくるい)と呼ばれるグループである。このグループの動物の卵は、胚が羊膜という膜でおおわれ、そのなかに満たされた羊水のおかげで、胚が乾燥してしまうことが防がれている。もともと水中で進化したわれわれの祖先は、陸上に進出したあともしばらくはカエルのように卵は水中に産むといった制約から逃れられなかった。羊膜ができたおかげで、はじめて完全な陸上動物になれたのである。胎生哺乳類である有袋類や真獣類でも、胎児を包んでいる構造は同じなので、これら羊膜をもつ動物をすべて羊膜類という。

トカゲ、カメ、ワニは普通、爬虫類と呼ばれるが、爬虫類という分類単位はない。ワニはカメやトカゲよりも鳥類に近縁だからである。鳥類を爬虫類に含めるのであれば、爬虫類という分類単位は可能になる。哺乳類には、カモノハシなどの単孔類、カンガルー、コアラなどの有袋類、オランウータン、ウシ、トラ、ゾウ、ナマケモノなどの真獣類が含まれる。
　口絵1でこれらの動物の爪を見ると、地色が青のゾウとウシでは蹄、地色が緑のオランウータンが平爪である以外はすべてかぎ爪である。羊膜類の共通祖先から最初にトカゲ類＋カメ類＋ワニ類＋鳥類と哺乳類が分かれたが、前者はすべてかぎ爪、哺乳類のなかでの最初の分岐が単孔類と有袋類＋真獣類の間で起こり、単孔類はかぎ爪であることから、羊膜類はもともとかぎ爪だったと考えられる。さらに有袋類＋真獣類のなかで有袋類はかぎ爪であり、有袋類も祖先がもっていた特徴をそのまま保持していると考えられる。
　真獣類のなかではじめてかぎ爪でない蹄や平爪が進化した（実際には大型の植物食恐竜の中にはかぎ爪でないものもいたようであり、かぎ爪でない爪の進化は真獣類が初めてではなかったかもしれないが）。口絵1のように、系統樹上に種を配置して、そこにその種の特徴をマッピングすることにより、それぞれの特徴がどのように進化してきたかがはじめて捉えられるのだ。
　このようにして、カンガルーがかぎ爪をもっているのは、単に祖先の特徴をそのまま保持しているためだと考えられる。もちろんかぎ爪をもっていることは、捕食者に立ち向かう際や種内の闘争などには役に立つかもしれないので、そのまま保持するメリットもあるかもしれない。真獣類ではウシ、ウマ、ゾウなどの植物食獣で蹄が進化した。蹄は地面を蹴って捕食者などから速く逃げるために進化したと考えられる。また霊長類では、指先を保護するために平爪が進化したと考えられる。
　生物のもついろいろな特徴は、すべて進化の産物であるから、生物学のあらゆる問題は進化を抜きにして語ることはできない。さらに上で述べたようなことから、進化学のあらゆる問題は系統樹を抜きにして語ること

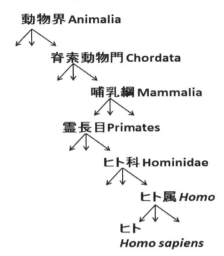
▲図2-2　リンネの階層分類

はできないのだ⁽²²⁾。

■リンネの階層分類からダーウィンの生命の樹

　スウェーデンの博物学者カール・フォン・リンネ Carl von Linné (1707-1778) は、生物学で今日でも広く用いられている分類体系を確立した。それがリンネの階層分類である。これによると、ヒトは動物界、脊索動物門、哺乳綱、霊長目、ヒト科、ヒト属 Homo、ヒト Homo sapiens となる（**図 2-2**）。ヒトという種は属名 Homo と種小名 sapiens をあわせて Homo sapiens と表現される。これが二名法と呼ばれるものである。属名と種小名はイタリック体（斜体）を用いる決まりになっている。
　分類単位は大きい順に、界、門、綱、目、科、属、種と階層構造を作っている。実際の分類ではこれだけの階層では足りず、例えば科の上に上

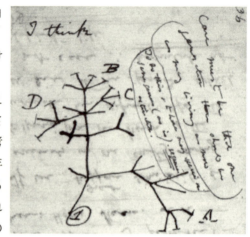

図 2-3　ダーウィンが1837年7月に最初にノートに記した生命の樹▶

科、科の下に亜科などが設けられることがある。

リンネには進化という考えはなく、神によって創造された種は変化しなかったと考えた。しかしながら、後年になって彼は種が変化する可能性も考えていたと言われている。1つの属のなかの種ははじめ1種だけだったかもしれないとも述べている[23]。図 2-2 は以下で紹介する「生命の樹」つまり「系統樹」と同じ構造になっている。

図 2-2 の矢印の起点からは複数の矢印が出ているが、系統樹ではこの起点が「共通祖先」になる。1つの起点から出た複数の種の共通祖先ということである。このことをはじめてはっきりと認識したのが、チャールズ・ダーウィンであった。図 2-3 は、彼がこの考えを最初にノートに記したものである。

図 2-3 では、生命の樹（系統樹）の幹は「①」と記され、現生種が「A」、「B」、「C」、「D」と記されている。途中で途絶えた多くの小枝があるが、これらは絶滅した系統を表わす。この図は共通の祖先から枝分かれを繰り返しながら進化して現生種が生じる様子を表現している。ダーウィンは有名な「種の起源」を1859年に出版したが[24]、それよりも20年以上も前にすでにこのような考えに到達していたのだ。

ダーウィンの「生命の樹」のような図は、これ以前にもたくさん出版されている[25-29]。実際にリンネも樹形図に似たものを描いているが、進化の考えに裏打ちされたものではない。またダーウィン以前の進化論の提唱者として有名なジャン・バティスト・ラマルク Jean-Baptiste Lamarck (1744-

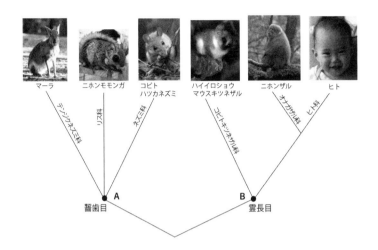

▲図 2-4　**階層分類と系統樹**　それぞれの目（Order）はいくつかの科（Family）を含む．例えば，齧歯目はネズミ科，リス科，テンジクネズミ科，……など，霊長目はヒト科，オナガザル科，コビトキツネザル科，…などから構成されている．それぞれの科は，ただ１つの目だけに属する．齧歯目の共通祖先 A から齧歯目のすべての科が進化し，齧歯目以外の科には A から進化したものはない．また，霊長目の共通祖先 B から霊長目のすべての科が進化し，霊長目以外の科で B から進化したものはない．

1829）も樹形図を描いていてさらに系統樹らしくなってくる。ラマルクには進化を表現する樹形図という認識はあったが、ダーウィンのような「共通の祖先からの進化」という考えが徹底していない。

　リンネの分類が階層構造になっているということも、ダーウィンのような「共通の祖先からの進化」という考えに基づけば、容易に納得できる。つまり、界、門、綱、目、科、属など階層的な分類体系は進化の歴史を反映していたのだ。それぞれの目は、それ以外の目のメンバーに進化することのなかった１つの共通祖先に由来するものすべてを含む分類単位である。

　その目を構成する科のメンバーはすべてその共通祖先の子孫であり、その目に入らない種にはその共通祖先の子孫は含まれない。**図 2-4** で示したそれぞれの目の最後の共通祖先 **A**、**B** から、その目に属するすべて

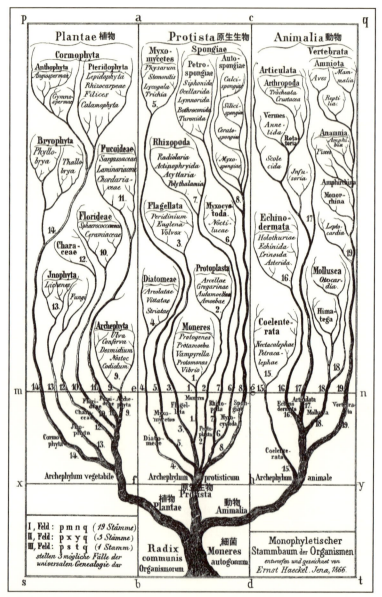

▲図 2-5　ヘッケルの系統樹[30]　動物，植物，原生生物，細菌も含め地球上の全生物が1つの共通祖先（樹の根元に相当）から進化した様子を表現．

の科が進化し、別の目に属する科でそれらから進化したものはない。それぞれの科を構成する属についても、それぞれの属を構成する種についても同様に定義される。リンネの分類の構造はまさに、「共通の祖先からの進化」を表現したものになっている。

■**生命の樹・系統樹**

　さまざまな生物種が1つの共通祖先から進化してきたという考えは、チャールズ・ダーウィンとアルフレッド・ラッセル・ウォーレスによってはっきりと示された。この考えを推し進めていくと、地球上のあらゆる生物種は、1つの巨大な系統樹のどこかに位置づけられるはずである。このような系統樹を構築する試みが、系統学である。

　系統樹の構築は、共通祖先からどのような歴史をたどって現生の生物が進化してきたかを理解するための第一歩である。

　「系統樹」（Phylogenetic Tree）という言葉は、ダーウィンの信奉者だったドイツの生物学者のエルンスト・ヘッケル Ernst Heinrich Philipp August Haeckel（1834-1919）によって作られた[30]（図 2-5）。共通祖先から種分化を繰り返しながら多様な種を生み出していく生物進化を、根から伸びた樹が枝分かれを繰り返しながら伸びていく様に譬えた比喩的表現である。生物進化を最初に樹に譬えたのはダーウィンであり、彼はこれを「生命の樹」（Tree of Life）と呼んだが、比喩としては「生命のサンゴ」（Coral of Life）のほうがよいかも知れないと言っている[28]。なぜならば、枝サンゴの場合は、枝の先端だけが生きていて、下の部分は死んでいるからだという。「生命のサンゴ」では、先端以外の祖先はもはや生きていないので、進化の過程を直接観察することはできない。

■**系統樹曼荼羅**

　共通の祖先から枝分かれを繰り返しながら多様な生き物が進化してきた

歴史を表現するのが系統樹であり、**口絵1**は羊膜類の系統樹である。系統樹の表現方法には様々なものがあるが、ここでは共通祖先を図の中心に配置してそこから放射状に多様な生物が進化してきた様子を示してある。このような表現法は、1つの共通祖先から出発して多様化する生物進化を図像化するのに適している。

　この表現法は系統樹曼荼羅と呼ばれる[31]。密教の曼荼羅Mandalaは、たくさんの尊像から成り立っており、それらがある法則や意味に従って配置されてこの世界を表現しているという。系統樹曼荼羅の場合の配置の法則は、系統関係、つまりダーウィンのいう「変化を伴う継承（由来）」（Descent with modification）である。

　「Manda」には、サンスクリット語で中心、あるいは円という意味があり、曼荼羅には中心点に関する対称性がある。密教の曼荼羅にならって、環状の系統樹、つまり系統樹曼荼羅にすれば、中心点は共通祖先になり、それぞれの種をどう配置するかを決める規則は、共通祖先から枝分かれを繰り返しながら種が生まれてきたことを表現する、系統関係になる。

　多くの多様な生き物の間の系統関係を1つの図で表現するための方法として、系統樹曼荼羅は有望であろう。文献(32)と(33)にさまざまな生物群の系統樹曼荼羅が示されている。

　チベット仏教では、曼荼羅は「キルコル」と訳されている。キルは中心、コルは回るあるいは周縁である。曼荼羅は中心を回るもの、あるいは中心と周縁ととらえられている[34]。系統樹曼荼羅の場合は、すでに述べたように中心は共通祖先であるが、多くの場合これを図像的に表現することが難しいので省かれるが、これが存在したことは確かである。祖先はもはや生きていないが、祖先がいなければ現在の生物が存在しないはずだから。

　インドやチベットでは、周縁がどのような関係において中心を取り巻いているかがはっきりしないものを曼荼羅と呼ぶことはないが、日本では必ずしもそうでないものも曼荼羅と呼ばれてきた。これは日本とインド、チベットとの世界を把握する仕方の違いだと考えられるが[34]、本書で出て

くる「系統樹曼荼羅」は、中心に位置する共通祖先から外に向かって枝分かれしながら多様化する様子を表現するものに限ることにする。

■**収斂進化**

　違った祖先から進化したにもかかわらず、お互いに似てくることを「収斂(しゅうれん)」という。クジラの体型は魚類と似ているが、これは陸上で生活していたクジラの祖先が海に戻り（ちなみにクジラはカバに近い祖先から進化したことが明らかになっている[35]）、水中を効率よく泳ぐために進化の過程で獲得した形質であり、収斂進化の一例である。

　図2-6の右はカンガルーなどと同じ有袋類のフクロオオカミであり、オーストラリアに生息していたが20世紀初頭に絶滅した動物である。最後の生息地がタスマニア島であったことから、タスマニアオオカミともいう。一方、左は真獣類のオオカミであり、イヌはこれを家畜化したものである。この両者はとても良く似ており、これも収斂の結果である。

　オーストラリアには真獣類がおらず、その代わりに有袋類が大規模な進化を遂げた。クジラやコウモリに相当する有袋類は進化しなかったものの、フクロオオカミのほかにフクロモグラ、フクロモモンガ、フクロシマ

▲図2-6　有袋類のフクロオオカミ（*Thylacinus cynocephalus*）（右）と真獣類のオオカミ（*Canis lupus*）（左）

▲図 2-7　インドハリネズミ（*Paraechinus microps*：真無盲腸目）

▲図 2-8　ハリテンレック *Setifer setosus*：アフリカトガリネズミ目（マダガスカル南部ベレンティー Berenty にて）　マダガスカルだけに生息する，ハリネズミのように針のような毛でからだが被われているので，かつてはハリネズミと同じ仲間だと考えられていた．ところが，分子系統学から全く別の系統から進化したことが明らかになった．

リス、フクロアリクイなど有袋類の多くの系統で真獣類との間で収斂進化が見られる。

　このような収斂進化にもかかわらず、それに惑わされて形態学者がクジラを魚類と見誤ることはなかった。古代ギリシャのアリストテレスは、分類上はクジラを魚類としているが、彼らが胎生であり、肺で空気呼吸をし、眠るといびきをかくことも知っていた [36]。さらに哺乳類の特徴である子供に哺乳することまで知っていたのである。また、形態学者がフクロオオカミを真獣類のオオカミと見誤ることもなかった。カンガルーと同じように子供を袋の中で育てる有袋類の特徴をもっていたからである。

　ところが、同じ真獣類のなかで互いに形態が似たものがいた場合それが近縁だからなのか、あるいは収斂進化の結果なのかを形態だけから見極

めることは難しくなる。図 2-7 はインドハリネズミ（ハリネズミ科）である。

ハリネズミ科はユーラシアとアフリカに分布する。一方、図 2-8 はハリテンレック（テンレック科・テンレック亜科）で、テンレック亜科はマダガスカル固有（マダガスカルだけに分布する）のグループである。ハリネズミとハリテンレックはこのように非常によく似ているので、そのためテンレックは長い間ハリネズミと同じ「食虫目」に分類されてきた。ところがこれから本書で詳しく見ていくように、この両者が似ているのは収斂のためであることが明らかになったのである。また、アフリカに分布するキンモグラ（図 2-9）もモグラと同じ「食虫目」に分類されてきたが、キンモグラはモグラよりもテンレックに近いことが明らかになってきた。このようなことから最近では「食虫目」という分類単位は使われなくなり、ハリネズミやモグラは真無盲腸目、ハリテンレックやキンモグラはアフリカトガリネズミ目に分類されるようになった。

▲図 2-9　サバクキンモグラ（*Eremitalpa grant*：アフリカトガリネズミ目）　南アフリカとナミビアに生息する「モグラ」。日本にもいるモグラと同様にほとんどの時間を地中で過ごし、視力はほとんど失われていて、かつてはモグラと同じ系統だと考えられていた．ところが、分子系統学の解析により両者はそれぞれ全く違う系統から進化したものであることが判明した．

■分子系統学の登場

このように形態レベルでは収斂進化がしばしば起こるので、それに惑わされて間違った系統樹が得られるのを避けるためには、形態とは独立の形質を用いた系統樹推定法が必要になる。そのような目的で開発されたのが、DNA の塩基配列データなどの分子情報を用いる方法で、この研究分

野は分子系統学と呼ばれる。

　さまざまな生物種から得られたDNAの塩基配列を比較することによって、系統樹を推定するのである。DNAの塩基配列データが比較的簡単に手に入るようになった1990年代から急速に進歩した分野で、多くの新しい発見がなされてきた。本書に出てくるいくつかの系統樹は、いずれもその成果である。

　分子系統学は、系統樹の枝分かれ（分岐）の順番を決めるだけではなく、枝分かれの起こった地質学的年代についても手掛かりを与えることができる。

　DNAの塩基が別のものに置き換わる速度（置換速度；分子進化速度ともいう）が一定であれば、系統樹上のどれか1つの分岐年代を基準にして、ほかの分岐年代も簡単に計算することができる。DNAの違いが年代に比例するからである。しかし、さまざまな理由で置換速度は変動するので、実際にはそれほど簡単ではないが、置換速度の変動を考慮に入れて分岐年代を推定する方法が開発されている。

■なぜ分子系統学が有効か

　ここで、分子系統学の基礎について触れておこう。系統樹を推定するにあたって形態よりもDNAなどの分子を用いるほうが有効だといわれているが、それはなぜなのだろうか？

　形態形質（形態の特徴）の数よりもDNAの形質の数が圧倒的に多いことがその理由の1つである。生物のもつ遺伝情報の一揃いをゲノムという。ヒトの場合、母親と父親から一揃いずつゲノムをもらうが（合わせて二倍体という）、一揃いのゲノ

▲図2-10　木村資生（1924-1994）　進化に関するCold Spring Harbor Symposiumで中立説に批判的な質問者に対して激しく反論する木村。右に立っている人物がRussell Doolittle（New York; 1990年9月24日）。

第 2 章　生命の樹と分子系統学

▲ 図 2-11　(*a*) 現生のシーラカンス (*Latimeria chalumnae*)　イーストロンドン博物館（南アフリカ共和国）所蔵の模式標本．模式標本とはその種を定義する拠り所となった標本であり，これは 1938 年に南アフリカで初めて見つかった現生のシーラカンスの個体．
(*b*) 2 億 5100 万〜1 億 9960 万年前の三畳紀のシーラカンスの化石　アクアマリンふくしま（福島県いわき市）所蔵．

ム DNA はおよそ 30 億個の塩基から成る．従って，DNA の形質は 30 億個あるということになる．一方，形態の特徴を 30 億個も数え上げることは不可能である．つまり系統樹推定にあたっては DNA のもつ情報量が圧倒的に多い．

さらにもっと重要なのは，この 30 億個の DNA 形質のほとんどは，直接自然選択を受けず，機会的に（偶然により）進化するということである．形質の違いによって環境への適応など生きのびる上で（厳密には子孫を残す能力で）差があれば，より適応度が高い形質が選ばれ，次第に種が変化していくというのが，進化の機構としてダーウィンとウォーレスが最初にとなえた自然選択説である．このようにより適応した形質が選ばれることを「正の自然選択」という．それに対し木村資生（1924-1994）（図 2-10）は，DNA のレベルでは適応度に差がないような変異が選択されて進化することが多いという「分子進化の中立説」を提唱した[37,38]．

木村が中立説に至った経緯の 1 つが分子進化速度の一定性であった．例えば生きた化石といわれるシーラカンスの現生のもの（**図 2-11***a*）と，

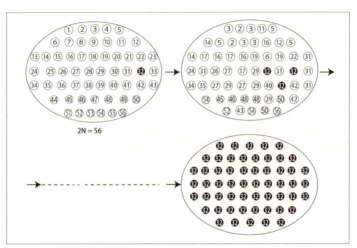

▲図2-12　32番目の変異遺伝子（㉜で示す）が集団に固定する様子　最初にあった56個の祖先遺伝子の系統のどれか1つだけが最終的に集団全体に広まり、ほかの系統は絶滅する。ここでは32番目の遺伝子が最終的に集団全体に広まるが、中立説ではどの遺伝子も残る確率は等しく、56分の1となる。

2億5100万〜1億9960万年前の三畳紀の化石（図2-11b）を比べてみると非常によく似ていることが分かる。つまり、シーラカンスはおよそ2億年もの間、形態的にはあまり変わらないまま過ごしてきたのである。この同じ期間に、われわれ哺乳類の系統はカモノハシ、ハリモグラなどの単孔類から、カンガルー、オポッサムなどの有袋類、さらにはヒト、コウモリ、クジラなどの真獣類と、実にさまざまなものを生み出してきた。このように形態レベルの進化速度は系統によって大きなばらつきがあるが、それにくらべると、DNAの塩基が進化の過程で別の塩基に置き換わる速度（分子進化速度とか置換速度とか呼ばれる）は、生物の種類によらず比較的一定だということが分かってきたのである。

　遺伝子の進化速度k（単位時間当りDNA塩基が置換する速度）は、

$$k = 2Nmu \quad \cdots\cdots\cdots\cdots\cdots\cdots\cdots\cdots\cdots\cdots\cdots\cdots\cdots\cdots (1)$$

で表わされる。ここでNは集団の個体数、mはDNA塩基当たりの突然変

異率（単位時間当たり）、u は突然変異遺伝子が集団に固定する確率である。突然変異が起こると種が変わると考えるひとがいるが、それは間違いである。突然変異はあくまでも 1 つの個体に起こった変異に過ぎず、それが進化的に意味をもつためには世代を重ねるうちにその遺伝子が種という集団全体に広がらなければならない。変わり者が 1 個体生じただけでは、進化とはいえないのである。遺伝子が集団全体に広がることを、変異遺伝子の集団への固定という。変異遺伝子が種という集団に固定してはじめて種が進化したといえる。

二倍体生物の場合、個体数 N の集団には $2N$ 個の遺伝子があるので、それに、突然変異が起こる確率と起こった変異が集団に固定する確率とを掛け合わせることによって、分子進化速度 k が求められるというのが、(1)式の意味である。

図 2-12 に突然変異遺伝子が集団に固定する様子を示した。簡単のために $2N = 56$ という非常に小さな集団で示したが、32 番目の遺伝子（❸）に突然変異が生じたとしている。もちろん突然変異はランダムに起こるから、32 番目の遺伝子に突然変異が起こったのは偶然である。もしもこの突然変異がほかの遺伝子よりも適応度が高ければ、固定確率 u が高く、進化速度 k も高くなるであろう。ただしその場合は、進化速度 k は集団の個体数や固定確率に依存するためそれが一定に近いものになるとは考えにくい。

図 2-12 では世代を重ねても個体数は変化しないとしているが、個体数が際限なく増え続けない限り（地球上の資源は限られているので、そのようなことはあり得ない）、本質的には変わらない。ここで重要なことは世代を重ねるうちに子孫に受け継がれることなく途絶えてしまう系統が必ず生じるということである。そのため最初に $2N$ 個あった祖先遺伝子の系統の数は、世代を重ねるうちに次第に減っていくことになる。このようにして、十分に長い時間が経ったあとは 1 つの系統しか残らないことになる。突然変異遺伝子がこのように残った場合に集団に固定したということになる。

木村は突然変異遺伝子の適応度がほかの遺伝子の適応度とくらべて差がない場合にどのようになるかを考察した。適応度に差がないということは、最初にあった$2N$個の遺伝子のうちのどれが最終的に存続するかは、確率的にみな同じということであるから、固定確率は$u = 1/2N$となる。これを(1)式に挿入すると、

$$k = 2Nm \times (1/2N) = m \quad\cdots\cdots\cdots\cdots\cdots\cdots\cdots\cdots\cdots\cdots\cdots\cdots (2)$$

　個体数は種によって大幅に変動するが、(2)式ではそれが分母と分子にあらわれて相殺するのである。つまり集団レベルの量である進化速度kが、個体レベルの量である突然変異率mに等しくなる。突然変異率mが種によらずに一定ならば、進化速度kが一定になる。
　木村は、分子進化速度が種によってあまり変わらないということは、分子進化のほとんどが適応度に差がない中立的な変異が機会的に固定することによっていると主張した。これが分子進化の中立説である。
　進化速度がほぼ一定に近いということは、中立説を支持するが、実際には進化速度は厳密に一定ではなく変動する。その原因の1つに、突然変異率が種によって違うことが挙げられる。第5章でも取り上げるが、酸素呼吸の中心であるミトコンドリアにあるDNAの進化速度と代謝率に正の相関関係がある。活性酸素はDNAにダメージを与えるので、代謝率が高く活性酸素が多くできる状況では突然変異率が高くなると考えられるのだ。動物のからだが小さいほど代謝率は高くなるので、突然変異率が高くなり、それに伴って進化速度が高くなる傾向がある。
　進化速度の変動の原因として次に考えられるのは、機能的な制約の変化である。中立説で進化速度を考える際、実は(1)式では不十分である。実際には機能をもった遺伝子に起こる突然変異の多くは適応度が低く有害突然変異と呼ばれる。そのような遺伝子は通常集団に固定することはない。このような有害突然変異が集団から取り除かれることを負の自然選択という。ここで突然変異全体のうちで中立的なものの割合$f \leq 1$という量を導

入し、(1) 式において m の代わりに fm を代入すべきである。従って、中立説が成り立つ場合には

$$k = fm \qquad (3)$$

となる。つまり、進化速度は中立的な突然変異率に等しいと解釈すべきなのだ。

ここで f は変動することがある。機能的な制約が大きいと、たいていの突然変異は有害となり、f は小さく、進化速度は低くなる。ところが何らかの原因で f が大きくなることがある。環境がよくなって、それまでの環境では不利であった変異が許容されるようになるような場合がこれに相当する。そのようなときには進化速度が高くなる。

チベットなどで家畜化されているウシ科ヤクのミトコンドリア DNA の進化速度が野生のものとくらべて高くなっているという報告がある[39]。これなどはチベット高原の過酷な冬を生きのびている野生のヤクにくらべて、ヒトの庇護のもとにおかれた家畜のヤクでは、遺伝子の機能的な制約が緩んでいることの反映だと考えられる。

(3) 式はこのような系統間の進化速度の違いを解釈する際だけでなく、遺伝子間、あるいは遺伝子内の座位間の進化速度の違いを理解するためにも有効である。実際機能的に重要な遺伝子ほど f は小さく、進化速度は低くなる傾向がある。またたんぱく質をコードしている遺伝子のコドンの3番目の座位はほかの座位よりも進化速度が高い。DNA上で並んだ三塩基が1つのアミノ酸をコードしている（それをコドンと呼ぶ）が、3番目の塩基がほかの塩基に置換してもアミノ酸に変化が起きないことが多く（これを同義置換という）、その座位の f は1に近いので中立的な進化速度としては最大値に近い。

同義置換よりも更に進化速度の高いもの

▲図2-13　1998年に統計数理研究所で開かれた研究会で意見交換する宮田隆さん（向かって左）と筆者

が、偽遺伝子と呼ばれるものである。遺伝子はゲノム中でそのコピーを作って増えることがある。これを重複遺伝子という。例えばヘモグロビンは α グロビンと β グロビン 2 個ずつ、合計 4 個のポリペプチドの複合体である。α グロビンと β グロビンとはアミノ酸配列が互いに似ているので、もともとは同じ遺伝子にコードされていたものが、遺伝子重複で進化したものと考えられる。

　このような遺伝子重複は生物進化の過程でしばしば起こるが、2 個遺伝子があることによって、これまで果たしていた機能は 1 つの遺伝子に任せておけば、もう 1 つの遺伝子は自由に変化してもその生物が生きていく上では何ら差し支えがないことになる。そのような自由度が生まれたおかげで、新たな地平が開かれることがある。自由に変化した遺伝子が全く新たな機能を獲得することがあるのだ。ところがそのような試行錯誤には失敗がつきものである。そのような失敗作が偽遺伝子である。ゲノムの大きさにはそれほど強い制約は働いていないようで、ゲノム中には偽遺伝子が累々としている。そのような偽遺伝子では $f=1$ となり、進化速度が最大になる[40, 41]。偽遺伝子になったばかりのものは、その配列がもとの遺伝子のものと似ているので、偽遺伝子だということが分かるが、進化速度が高いので間もなくその由来が分からなくなるほど変化してしまう。そのような由来の分からない配列もゲノム中にたくさん残っている。

　中立説以前は分子レベルであっても進化的な変化はすべて正の自然選択によると考えられていた（ダーウィンやウォーレスは中立的な変異も認めていたが、それについてはあとで述べる）。生存に、より適した形質（正確にはより多くの子孫を残す能力）だけが選ばれて進化するというわけである。ところが、中立説の主張は、分子進化の大部分は良くも悪くもない中立的な変異が偶然選ばれることによって起こっているというのだ。1968 年に中立説が提唱されてから 10 年以上にわたって激しい議論が起こったが、上で述べたような証拠から次第に中立説が受け入れられるようになってきた。

　偽遺伝子では機能的な制約がなくなって、中立説で予想される分子進化

速度の最大値が実現されているということは、九州大学におられた宮田隆さん（現・京都大学名誉教授）（図 2-13）と安永照雄さん（現・大阪大学名誉教授）が 1981 年に最初に見つけたことである。中立説が 68 年に提唱されてから 10 年以上も経っていたが、その当時この説は世界ではまだ完全には受け入れられてはおらず、国立遺伝学研究所に在任中だった木村資生は、反対者とまだ激しい論争を闘わせていた。宮田さんたちの発見は中立説を支持する決定打だとして、木村先生は大変喜んでいた。

　私事になるが、宮田さんは 1969 年に筆者が名古屋大学の物理学教室で博士課程の大学院生だったときに同じ研究室の助手として来られた方である。1 年後、私は東京大学の生物化学教室の助手として異動したが、その頃二人で生物進化の研究を目指したいと酒を飲みながらたびたび議論していたことが思い起こされる。その後 10 年くらいは DNA の配列データはあまり得られず、目立った研究はできなかったが、宮田さんたちはその間、着々と配列データを解析するための方法を磨いておられた。1980 年頃から配列データが急速に生み出される時代が到来し、その最初の大きなヒットが偽遺伝子の進化速度の研究であった。

　当時の宮田さんの業績としてもう 1 つ重要なものは、類似の配列を探し出す方法の開発であった。共通祖先から進化した DNA 配列は当然似ているが、これを相同（ホモロジー）という。相同な配列をデータベース上で検索して探し出すことは、今日ではホモロジー・サーチと呼ばれて広く普及している技術であるが、実はその起源は宮田さんたちが始められたことなのである。その頃、アメリカのラッセル・ドリトル Russell Doolittle （図 2-10）も同じようなことを独立にやっていた。

　中立説以前は、分子レベルであっても進化の過程で起こる変化は、適応度を高めるようなものだと考えられてきた。ところが、木村先生が示されたのは、実際に起こっている分子進化の大部分は、適応度には変化を与えないような中立的な変異によるものだということであった。従って、偽遺伝子とかコドンの 3 番目の座位という、そこでの変異が生物の生存や子孫を残す上で重要でないものの進化速度が高い。逆に生物の生存にとって

重要な機能を果たしている遺伝子ほど、機能的な制約が強く、変異が起こると有害な効果を及ぼすため、進化の過程で変わりにくくなっている。

重要な機能をもつ相同な遺伝子が広く動物界全体や、動物と植物の間、動物と細菌の間、あるいは動物とウイルスの間などで見つかることがあるが、ホモロジー・サーチは、そのような遺伝子を見つけ出す技術として重要である。ある生物で機能がよく調べられている遺伝子と相同性のある遺伝子が系統的に遠く離れた生物で見つかったりすると、その生物におけるその遺伝子の役割を解明する手掛かりとなる。このようなことは一見中立説とは関係ないように思われるかもしれないが、ホモロジー・サーチの背景には中立説の考えがあったのである。

少しこの本の主題からずれたが、なぜ DNA 配列が系統樹を構築する上で有効かという話に戻ろう。適応的な進化の場合、系統的に遠く離れた2つの種が似た環境に生息すると互いに似てくるという収斂進化が起こり、間違った系統樹が得られることがある。DNA 進化の大部分が中立的だということは、系統学にとって好ましい点である。また DNA の進化速度が形態レベルの進化速度ほどは急激に変動しないという点も好ましい。

実はダーウィンやウォーレスも形態レベルでの中立的進化を認めていて、系統関係を明らかにする手掛かりとして有効であると考えていた（文献 (32) に引用）。ダーウィンは、現在は機能を失った痕跡器官は種の由来を明らかにする手掛かりとして有効だと述べている。またウォーレスは、似たような生活をする系統的には無関係の2つのグループで適応的な形質が独立に進化することがあり、一方適応とは関係しない形質が祖先との関係をはっきりと示す、と述べている。もちろん2人とも遺伝学を知らなかったが、現在の分子系統学の時代まで見通す視野をもっていたのである。

■ 適応的な分子進化

分子進化の大部分は中立的であることは確かだが、形態や生理の適応進化には遺伝的な基盤が必要であり、分子レベルでも適応進化は見ら

れる[42]。コウモリにはココウモリとオオコウモリの2つのグループがあるが、ココウモリには夜間に飛びながらガなどの昆虫を捕食する種類が多く、エコロケーションが発達している。エコロケーションとは、超音波を発信してその反射を聞き取ることによってレーダーのように獲物の位置やまわりの様子をとらえる探知方式。オオコウモリにはそのような能力はない。ココウモリのエコロケーションと同じようなものが、イルカやマッコウクジラなどの歯クジラにも見られ、彼らは水中での魚群探知機としてこの能力を使っている。クジラには歯クジラ以外にヒゲクジラのグループがあるが、こちらにはエコロケーションの能力はない。

　エコロケーションには超音波を出す能力とともに、反射してきた超音波を捉えて聞き取る能力も必要である。聴覚の遺伝子であるプレスチンを解析したところ、ココウモリと歯クジラがまとまって1つのグループを作るような系統樹が得られたのだ。ほかの遺伝子ではコウモリ同士、クジラ同士がそれぞれグループとしてまとまるので、プレスチンの系統樹が示すこの意外な関係は、分子レベルの収斂進化によるものだと解釈される[43,44]。

　このように分子レベルであっても収斂進化は起こるので、1つの遺伝子だけによる系統樹解析は危険である。しかしたくさんの遺伝子を解析すれば、コウモリやクジラのプレスチンのようなものは、ほかの遺伝子とは違う系統樹を与えるということで、そこに何か面白いことが起こっていることに気づくことができる。それに対して、形態だけに頼った系統解析には近縁性によるものか、収斂によるものかを判別する基準がないのである。先に紹介したハリネズミとハリテンレックのように、分子系統学的な解析によってこの両者の類似性は収斂に依るものであることを確立した上で、この系統樹上で形態の進化がどのようにして起こったかを考察することが可能になるのだ。

■初期の分子系統学

　DNAを用いて系統樹を再構築する技術が分子系統学である。最初に

▲図 2-14　1974 年に京都で開催された国際生命の起源学会に出席したウォルター・フィッチ（左端）とマーガレット・デイホフ（後ろ，右端）　デイホフの左が筆者．

　大規模な分子系統樹を描いて見せたのは、ウォルター・フィッチ Walter Fitch（1929-2011）であった（図 2-14）。1967 年という早い時期に、チトクローム c というたんぱく質のアミノ酸配列データからヒトを含む哺乳類、鳥類、爬虫類、魚類、昆虫、真菌類（パン酵母とカンジダ菌）など広範囲の生物を網羅した分子系統樹を描いたのだ[45]。たんぱく質のアミノ酸配列からヒトとパン酵母とが共通祖先から進化する様子を具体的に描いてみせた意義は大きい。

　今日では DNA 塩基配列データが簡単に手に入るようになったが、その当時には困難で、代わりにたんぱく質のアミノ酸配列が使われたのである。この研究では、フィッチ自身が開発した今日距離行列法と呼ばれる方法が使われたが、彼はその後、最節約法のアルゴリズムの開発でも重要な貢献をした[46]。最節約法は今日でもよく使われるが、必要な置換数が最小になるような系統樹が真の系統樹の候補として最適なものとして選び出す方法である。フィッチは必要な置換数を計算するアルゴリズムを開発したのである。

　最節約法は、中世イギリスの神学者オッカムのウィリアム William of

Ockham（1285-1347）の提唱した「オッカムの剃刀」の原理に基づいている。ある事柄の説明では、なるべく少ない仮定に拠るべきだ、というものである。分子系統樹の場合は、系統樹全体で必要な置換数が、必要な仮定の数に相当するから、これがなるべく少なくてすむような系統樹を選ぶことになる。

　フィッチと並んで初期の分子系統学に重要な貢献をした人物にマーガレット・デイホフ Margaret Belle Oakley Dayhoff（1925-1983）がいた（図2-14）。彼女は物理化学の出身で、筆者の経歴に近いひとであった。デイホフは1968年からたんぱく質のアミノ酸配列のデータベースを作り[47]、今日のゲノム・データベースの先駆けとなった。また彼女は動物、植物、真菌類、細菌類にミトコンドリアと葉緑体を加えたたんぱく質の分子系統樹を最節約法によって構築し、生物界全体の系統樹を描くとともに、ミトコンドリアと葉緑体が細菌由来であることを具体的なデータを使って示した[48]。ミトコンドリアと葉緑体の起源に関するリン・マーグリス Lynn Margulis（1938-2011）の細胞内共生説[49]を分子系統学から裏付けたのである。

　デイホフはたんぱく質進化におけるアミノ酸置換のモデルを構築する上でも重要な貢献をしたが、その後の分子系統学の目覚ましい発展を見ることなく50代の若さで亡くなった。

■**最尤法による分子系統樹推定**

　DNAが進化していく過程で起こる塩基置換の大部分が中立的である。生物が生き残る上で差し支えがないという制約のもとで、塩基置換がランダムに起こるので、その過程を確率モデルで表わすことができる。そのようなことから、さまざまな生物のDNA塩基配列のデータを用いて、それらの生物の間の系統樹を再構築する問題は、まさに統計学の問題である。

　1981年にアメリカ・シアトルにあるワシントン大学のジョー・フェルゼンシュタイン Joseph "Joe" Felsenstein（図2-15；"Joe"は、Joseph

のニックネーム）が、統計学における標準的な方法である最尤法（さいゆうほう）を用いて分子系統樹を推定するための方法を初めて定式化した[50]。

統計学には尤度（ゆうど）（Likelihood）という基本的な概念がある。これは集団遺伝学の創始者の一人でもあったイギリスの統計学者ロナルド・フィッシャー Sir Ronald Aylmer Fisher（1890-1962）が導入したもので、これを分子系統樹解析に当てはめると、

▲図2-15 ジョー・フェルゼンシュタイン Joe Felsenstein 1998年に統計数理研究所を訪れた際の写真.

$$L = P(データ D | モデル M) \quad \cdots\cdots\cdots\cdots (4)$$

と表わされる。式(4)は、与えられたモデル M のもとで配列データ D が実現する確率 P が尤度 L の定義であることを示す。ここでモデル M とは、DNA配列データの場合は進化の過程で塩基が置換していく法則を定式化したもの（置換モデル）と系統樹における枝分かれの順番（トポロジー）を含み、系統樹のそれぞれの枝の長さ（置換数）がパラメータとなる。尤度を最大にするようなトポロジーを選ぶということが、最尤法の基本的考えである。尤度の具体的な求めかたを以下に示す。

図2-16のように4種、a、b、c、dの系統樹を考える。分子系統樹解析に当たっては通常は長い配列データが用いられるが、それぞれの座位（DNAの塩基T、C、A、Gやたんぱく質のアミノ酸）は独立に進化すると仮定して、ここでは1つの座位の尤度計算法を説明する。配列データ全体の尤度は、座位ごとの尤度を掛け合わすことによって得られる。

第 2 章　生命の樹と分子系統学

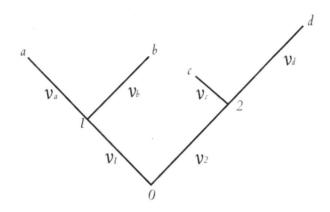

▲図 2-16　与えられた系統樹トポロジーの尤度計算法を説明するための図

　現存の 4 種、a、b、c、d のほかに、a と b の共通祖先 1、c と d の共通祖先 2、全体の共通祖先 0 を考える。データとして与えられる a、b、c、d の座位の状態は S_a, S_b, S_c, S_d とする。共通祖先 0、1、2 の座位の状態を S_0, S_1, S_2 で表わすと、共通祖先からの進化の結果として現存種の状態 S_a, S_b, S_c, S_d が実現する確率、つまり尤度は次の式で表現できる。

$$L = \sum_{S_0}\sum_{S_1}\sum_{S_2} \pi_{S_0} P_{S_0 S_1}(v_l) P_{S_1 S_a}(v_a) P_{S_1 S_b}(v_b) P_{S_0 S_2}(v_2) P_{S_2 S_c}(v_c) P_{S_2 S_d}(v_d) \cdots\cdots (5)$$

　ここで、$P_{S_0 S_1}(v_l)$ は 0 から 1 に至る枝（長さが v_l）で S_0 の状態から S_1 になる確率であり、置換確率モデルで表現される。他の P も他の枝における同様な置換確率である。π_{S_0} は共通祖先 0 で S_0 をとる確率であるが、定常状態を仮定して現存種の平均組成値をとるのが一般的なやり方である。これもパラメータとして最尤推定することもできるが、普通は平均組成値と近似的に一致する。$\sum_{S_i}$ は共通祖先 i $(0, 1, 2)$ の可能なすべての状態について足し合わせることを示す。われわれはデータとして与えられる S_a、S_b、S_c、S_d しか知らないので、共通祖先については、すべての可能

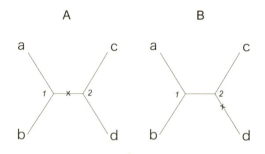

▲図 2-17　無根系統樹の説明　「x」印は系統樹の根の位置を示す.

性について確率を足し合わせるのである。つまりこの式で共通祖先 *0* から *1* や *2* を経て、現生種 *a*、*b*、*c*、*d* の状態が実現する確率が表現される。途中経過についてはあらゆる可能性が考慮されていて、これが尤度になる。

　「系統樹」は枝分かれの順番を表わすトポロジーとそれぞれの枝の長さを含む。枝の長さは、その枝に沿って何回置換が起こったかに相当する。進化速度が一定、つまり DNA 分子が地質年代に比例して変化していくという分子時計が成り立てば、枝の長さは時間に比例することになる。ところが、実際には厳密な分子時計は成り立たないので、フェルゼンシュタインの最尤法では、進化速度一定は仮定せずに、トポロジー推定を行なう。従って、進化速度が系統によって違う場合でも、この方法は使うことができるのだ。トポロジー推定と分岐年代推定とは別の作業として分け、まずトポロジーを確立しようというやりかたである。このようにトポロジー推定にあたっては進化速度一定を仮定しないので、図 2-16 の系統樹の根 *0* は仮のものであり、根の位置を決めることはできない。このことを図 2-17 で説明しよう。

　図 2-16 は図 2-17 の左の A を仮定して描かれている（枝 *1 2* の途中に根がある）。しかし、根の位置を B（枝 *2 d* の途中）に移動させても尤度は変わ

第2章　生命の樹と分子系統学

らない。普通、分子系統樹解析で用いられる置換モデルは、

$$\pi_{S_i} P_{S_i S_j}(v) = \pi_{S_j} P_{S_j S_i}(v) \quad \cdots\cdots\cdots\cdots\cdots\cdots\cdots\cdots\cdots\cdots\cdots\cdots\cdots\cdots\cdots\cdots\cdots\cdots\cdots\cdots\cdots\cdots \quad (6)$$

が成り立つように定常状態が仮定されているからである。従って、根の位置をどこに移しても尤度は変わらず、この方法で根の位置を特定することはできないので、現在使われているたいていの分子系統樹推定法で得られるのは無根系統樹（unrooted tree）と呼ばれるものになる。根の位置がどこかということは、生物学的には重要である。実際の生物系統学では、系統関係を知りたい種（内群 = ingroup）に対してあらかじめそれらよりも遠い関係にあることが分かっているものを外群（outgroup）として解析対象に入れておき、外群と内群の間に根があると考えるわけである。例えば、この図で a、b、c に対して d が外群だとすると、B のように枝 2d の途中に根があることになる。

　共通の祖先 DNA から枝分かれを繰り返しながらそれぞれの枝で独立に塩基置換が起こり、データとして与えられている系統樹の末端（通常は現存生物の DNA）が進化の結果として実現する確率が尤度 L になる。分子進化では、膨大な数の可能性のなかの1つだけが機会的に実現しているので、尤度 L は1に比べて非常に小さな値になる。そのため通常は対数尤度 $\ln L$ が扱われる。それぞれのトポロジーで対数尤度 $\ln L$ が最大になるようにモデルのパラメータを求め（最尤推定）、たくさんの可能なトポロジーのなかから、対数尤度

▲図2-18　岸野洋久さん（向かって左）とジェフ・ソーン Jeff Thorne（2001年筆者撮影，統計数理研究所における筆者の研究室にて）

$\ln L$ の推定値が最大になるようなトポロジーを選び出すというのが、最尤法による系統樹推定の実際の手続きになる。

その当時統計数理研究所（以下、統数研と略）で生物進化の研究を模索していた筆者は、このような方向こそ統計学の研究所にいるものが目指すべきものと感じた。系統樹を再構築する方法としては最節約法や距離行列法などもっと簡便な方法があった上、最尤法は計算に膨大な時間がかかるため一般の研究者からは敬遠されていた。しかし、簡便な方法にはいろいろな欠点があるので、筆者は統計学の基盤をもつ最尤法が必要だと思っていた。幸い研究所には大型計算機があり、自由に使うことができた。当時大学にいた研究者の多くは、大学の大型計算機を使うには計算時間に応じた高い使用料を払わなければならず、研究費が潤沢でないと自由には使うことができなかった。その点、統数研は恵まれた環境で、生物系統学の問題に実際にこの方法を適用することを通じて、方法論の整備を進めたのである。

ちょうどその頃、研究員として岸野洋久（ひろひさ）さん（現・東京大学教授）が研究所に入って来られた（図2-18）。筆者自身は物理学の出身で統計学をきちんと勉強したことがなかったが、岸野さんから統計学を教わりながら研究を進められたことは幸運であった。

■塩基置換モデル

(5) 式で尤度を計算するためには、時間 t の間に i が j になる確率 $P_{ij}(t)$ を具体的に与えなければならない。

データがDNAの塩基配列として与えられている場合は、塩基T（チミン）、C（シトシン）、A（アデニン）、G（グアニン）の間の遷移確率になる。これには1980年に木村先生が提案された「木村の2パラメータモデル」というものがある[51]。地質学的には微少な時間 dt で塩基 i が別の塩基 j に置換する確率 $P_{ij}(dt)$ は、

第2章　生命の樹と分子系統学

$$P_{ij}(dt) = \begin{cases} \alpha \cdot dt\ (T \leftrightarrow C, A) \\ \beta \cdot dt\ (T, C \leftrightarrow A, G) \end{cases} \quad\cdots\cdots\cdots\cdots\cdots\cdots\cdots\cdots \quad (7)$$

で与えられるというものである。その当時、T、C、A、G の間の置換は同じ確率で起こるのではなく、T↔C や A↔G の間の置換（トランジション）は T、C ↔ A、G 間（トランスバージョン）よりも頻繁に起こることが知られていた。木村の2パラメータモデルはこのことをうまく取り入れた優れたモデルであった。(7) 式の α と β はそれぞれトランジションとトランスバージョンの速度を表わすパラメータである。

ところが、1984年頃霊長類のミトコンドリア DNA の解析を行っていた筆者らは、このモデルでは不十分であることに気がついた。ミトコンドリア DNA でもトランジションがトランスバージョンよりも頻繁に（核 DNA よりもむしろ頻繁に）起こるが、もう1つ厄介なことがあった。ミトコンドリア DNA では塩基組成が非常に不均一なのであった。G が少なく、C が多いのである。特にコドンの3番目の塩基座位ではそれが極端で、G の組成はわずか4％なのに対し、C は43％にも達する。ところが木村のモデルでは、25％ずつの塩基組成が仮定されている（(7) 式で表わされる過程が進行すると、長時間後にはすべての塩基の組成は25％ずつになる）。

この問題を解決するために、筆者らは (7) 式に代わって次のようなモデルを考えた[52]。

$$P_{ij}(dt) = \begin{cases} \alpha \pi_j \cdot dt\ (T \leftrightarrow C, A \leftrightarrow G) \\ \beta \pi_j \cdot dt\ (T, C \leftrightarrow A, G) \end{cases} \quad\cdots\cdots\cdots\cdots\cdots\cdots\cdots \quad (8)$$

置換する先 j の組成値 π_j を (8) 式のなかに導入したのである。例えば塩基 i が組成値の低い G に置換する確率 P_{iG} には π_G が含まれるので、そのような置換確率は低くなる。逆に言うと、G の組成値が低いのは、そちらに向かう置換確率が低いということを、(8) 式は表現している。

(8) 式のモデルは、その後 Ziheng Yang によって、論文の著者 Hasegawa、Kishino、Yano の頭文字をとって HKY モデルと呼ばれるようになった[53]。HKY モデルは簡単な割に、現実の置換過程をうまく近似するモデルとしてよく使われるようになった。その後、膨大な塩基配列データが生み出されるようになり、コンピューターの能力も飛躍的に向上すると、より現実的な複雑なモデルも開発されるようになる。最近の動向を知りたい読者には、文献 (54) を読まれることをお勧めする。

ここでは塩基置換モデルに関してもう 1 つだけ触れておきたい。

実際の分子進化においては、塩基座位によって置換速度が違う。一番顕著な違いは、たんぱく質をコードしている遺伝子では、コドンの 3 番目の塩基は 1、2 番目よりも速く置換することである。3 番目の塩基が変わってもアミノ酸は変わらないことが多く、そのような突然変異は中立的だからである。また、中立説のところで説明したように、重要な機能を果たしている重要な遺伝子では制約が強く、そうでない遺伝子よりも進化速度が低くなる。このようにあらかじめ分子進化の振る舞いに違いがあることが分かっている座位は別々に扱うのが一般的である。さらに同じカテゴリーの座位間でも (8) 式などに表れる α や β などの速度パラメータが座位間である分布をもっていると仮定して、座位間の進化速度の違いを取り入れる方法も用いられる[55]。

■間違った分子系統樹

その当時の分子系統学では、最節約法が主流であった。最節約法は「オッカムの剃刀」の原理に基づいていると先に述べたが、なぜ最節約法に代わるものが必要なのだろうか。なるべく少ない数の置換数で説明できる系統樹が、真の系統樹の候補として一番ふさわしいということは、置換が非常に起こりにくい現象である場合には正しい。そのような場合には、最節約法によって得られた系統樹は最尤法によるものと一致する。地質学的には比較的短い時間を扱うのであれば、確かに一世代といった時間では置換はそ

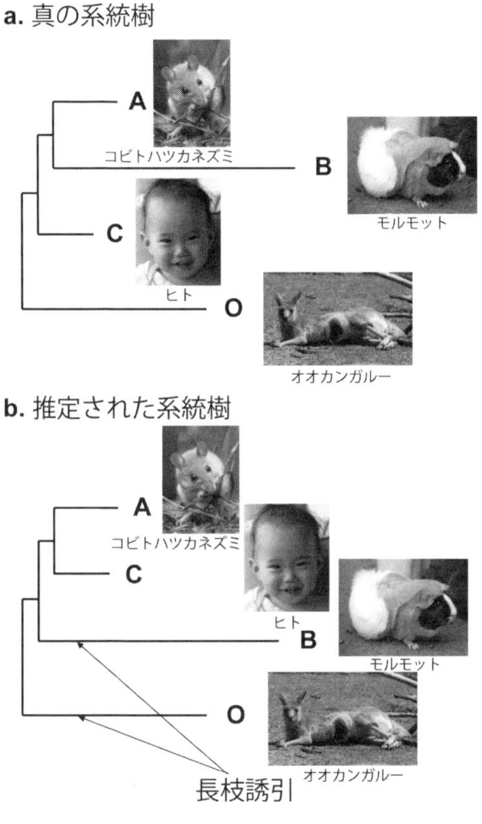

第2章　生命の樹と分子系統学

a. 真の系統樹

- A コビトハツカネズミ
- B モルモット
- C ヒト
- O オオカンガルー

b. 推定された系統樹

- A コビトハツカネズミ
- C ヒト
- B モルモット
- O オオカンガルー

長枝誘引

▲図 2-19　長枝誘引（Long branch attraction）によって系統樹推定を誤る例

れほど頻繁に起こる現象ではないので、最節約法で十分である。ところが、系統樹を数千万年、数億年とさかのぼるような解析になると事情が違ってくる。短い時間で見るとわずかの数しか起こらない置換でも、長い時間では膨大な数になる。膨大な数の置換が起こっている場合には、置換数がちょっとでも少ないほうがよいという原理は成り立たないのである。あまり差のない大きな数を比較して、少しだけ小さいからといってそちらを選ぶことには直感的にも疑問を感ずるであろう。単なる

ばらつきの誤差かもしれないからだ。

　長い時間で見ると、DNA の 1 つの塩基座位に繰り返し置換が起こることがあるが（多重置換という）、最節約法ではそのようなことは無視される。そのために、間違った系統樹が強く支持されることが起こる。次にそのような例を紹介しよう。

　4 種 A、B、C、O の間の系統樹を考える（**図 2-19**）。O は他の 3 種からは遠い関係にあることがあらかじめ分かっているもので、外群 Outgroup と呼ばれる。真の系統樹が a（A と B は近縁）であり、B の系統の進化速度が他の系統よりも高い（従って枝が長い）とする。

　最節約法や最尤法など分子系統樹推定に用いられる方法のほとんどは、進化速度の一定性は仮定しないが、置換が多くて長い枝ほど、相対的に多重置換の効果が過小評価になるために、b のように長い枝同士が間違って組んでしまう（その結果として A と C が近縁と見なされる）傾向がある。外群の枝は長い時間が経過しているために当然長くなっている。進化速度が高くて長い B の枝が O の枝と間違って組んでしまう傾向があるのだ。これを長枝誘引（Long branch attraction）という。

　このことを初めて指摘したのが、ジョー・フェルゼンシュタインであった[56]。最節約法は、多重置換の効果を無視しているから、特にそのような傾向が強い。

　最尤法でも単純なモデルでは多重置換の効果が過小評価になるが、モデルを改善するにつれて正しく推定されるようになる。

　この図では、具体的な例として、A：ハツカネズミ、B：モルモット、C：ヒト、O：カンガルーを挙げている。1991 年にダン・グラウア Dan Graur らは 10 種類のたんぱく質のアミノ酸配列データを最節約法で解析し、b のようにハツカネズミがモルモットよりもヒトに近縁だということを強く支持する結果を得た[57]。ハツカネズミ A とモルモット B はどちらも齧歯目に分類され、霊長目のヒト C にくらべて互いに近縁だと考えられていたので、これは衝撃的な結果であった。これが本当であれば、いわゆる齧歯類は進化的にまとまったグループではないことになる。

ところが筆者らが、その当時研究室の大学院生であった足立淳君（現・統計数理研究所・准教授）が開発していたアミノ酸配列データから最尤系統樹を推定する方法を用いて再解析をしてみたところ、グラウアらの結果は長枝誘引による誤りであることが分かった[58]。やはり、齧歯類は系統的にまとまった1つのグループだったのだ。

原因はよく分からないが、グラウアらのデータのうちでリポたんぱくリパーゼというたんぱく質の置換速度が、モルモットで非常に高くなっていた。そのために、モルモットの枝Bと外群であるカンガルーの枝Oとが誘引しあってbのような系統樹が間違って得られたのである。

最尤法でも、仮定する置換モデルがあまりにも現実と異なる場合には、同じように間違うことがあるが、置換モデルを現実的なものに改良することによって、より信頼できる推定が可能になる。DNAの塩基配列データが得られさえすれば簡単に系統樹が構築できると思われがちであるが、進化の歴史を解明することはそれほど簡単ではないのだ。

■赤池情報量規準 AIC

その当時はコンピューター能力の制約もあり、最尤法で用いられる置換モデルは単純なものにならざるを得なかった。その上にこの方法は膨大な計算時間がかかるので、たいていの研究者からは敬遠されていた。最節約法の研究者からは、「最尤法では置換モデルを仮定しなければならず、実際に使われているモデルは現実とはかけ離れた単純なものである。最節約法では置換モデルを仮定する必要がないので、こちらの方が優れている」と筆者らのやりかたは批判された。

確かに最尤法で用いられていた当時の置換モデルは単純なものであったが、最節約法ではモデルを仮定しないというのは間違いである。そもそもどんな推定法も何らかのモデルの上で成り立っている。モデルを明示的に仮定しているか、暗示的かの違いだけだ。最節約法は明示的にはモデルを仮定しないが、何らかの仮定の上で成り立っているはずであり、そ

の仮定が最尤法のようにはっきりとしていないだけである。仮定が明示的ならば、それが間違っていると判明した際に改めていく余地がある。科学的なデータ解析法としては、そちらの方が優れているといえるだろう。

　最尤法による分子系統樹解析にあたって仮定する置換モデルは、なるべく現実の進化過程に合うものが望ましい。しかし、限られたデータを解析するのに、むやみに複雑なモデル

▲図 2-20　赤池弘次（ひろつぐ）（1927-2009、1989 年、統計数理研究所で）　1986 年から 94 年まで統計数理研究所所長. モデル比較の規準として 73 年, 赤池情報量規準（Akaike Information Criterion; *AIC*）を提唱した[59].

を使うのは問題である。情報の少ないデータに対して複雑なモデルに含まれる多くのパラメータを適合させようとすると、過適合 over-fitting が起こる。統計数理研究所の赤池弘次（ひろつぐ）さん（図 2-20）は、情報理論的な考察から

$$AIC = -2 \times \ln L + 2 \times （モデルのパラメータ数） \quad \cdots\cdots\cdots (9)$$

で定義される赤池情報量規準 *AIC* が最小になるようなモデルが、当該のデータを表現するのに最もふさわしいことを理論的に示した[59]。

　モデルが複雑になれば、データとの当てはまりが良くなるので、対数尤度が大きくなり、結果的にマイナス符号のついた (9) 式の右辺の第 1 項は小さくなり、逆に第 2 項は大きくなる。第 2 項はモデルを複雑にすることに対するペナルティーと考えられる。つまり、モデルを複雑にしてパラメータを増やしたことに見合うだけのデータとの当てはまりの改善が見られなければ、なるべく簡単なモデルにとどめておくべきだということであ

る。最節約法の基盤になっている中世の神学者オッカムのウィリアムが考えた「オッカムの剃刀(かみそり)」の現代版ともいえる。このように、常に最新の知見を取り入れてモデルをより現実に即したものに改善する努力を続ける際の指針として、赤池情報量規準 AIC は重要である[60]。

■ **分子系統樹推定の統計学**

1990年頃、岸野さんはフェルゼンシュタインの研究室におよそ1年間留学したことがきっかけとなり、当時大学院生であったジェフ・ソーン Jeff Thorne（図2-18）とのその後長く続く共同研究が始まった。この二人の研究の中で特筆すべきものが、新しい分岐年代推定法の開発であった[61]。

分子系統学の扱う問題は、大きく分けて2つある。1つは分岐、つまり枝分かれの順番（トポロジー）を決めることであり、もう1つは枝分かれの年代を決めることである。前者の問題は、1981年のフェルゼンシュタインの最尤法による定式化以来着実に進歩していた。ところが、分岐年代推定はなかなか難しかった。分子進化速度が完全に一定であれば、つまり分子時計が成り立てば、DNAの違いは時間に比例するから、化石証拠から1つの分岐年代が与えられれば、ほかの分岐年代についてはDNAの違いの比例計算で簡単に求めることができる。ところが実際には、分子進化速度はさまざまな原因で変動する。1980年代後半に、岸野さんと筆者は局所分子時計という方法を開発していた[62]。進化速度が明らかにほかと違う系統に別の速度パラメータを与える方法である。ところが、系統樹全体をいくつの局所分子時計に分けたらよいか、その決めかたが恣

▲ 図2-21 楊子恒（ヤン・ジーヘン： Ziheng Yang）　一緒にチベットを訪れた際の写真（2007年）．6月でシャクナゲが咲いていたが、うっすらと雪が積もっていた．

意的であるという批判があった。

　ジェフ・ソーンと岸野は、「分子進化速度の進化速度」つまり分子進化速度が進化の過程で変化することをモデル化して、進化速度の変動を自然なかたちで取り込んだ上で、分岐年代を推定するためのベイズ法と呼ばれる方法を開発した[61]。この方法はその後広く使われるようになった。

　この分野でもう一人重要な貢献をした人物が楊子恒 Ziheng Yang である（図 2-21）。楊は中国甘粛省の山岳地帯で育った。

　1990 年頃、楊は北京農業大学の博士課程の大学院生であった。その頃彼は筆者のもとに手紙を送ってきた。自分は北京で最尤法による分子系統樹推定の問題を研究しているが、中国では論文が手に入らないので筆者らの論文別刷を送ってもらえないかというものであった。早速筆者らの論文を送ってあげたが、その後彼との交流が続いている。彼は情報の少ない中国において全く一人で最尤法による分子系統樹推定に関する重要な論文を完成させて 1992 年に学位をとり、イギリスとアメリカで博士研究員をつとめたあと、2001 年には異例の若さでロンドン大学の教授に昇進した。1998 年には統計数理研究所で客員助教授をつとめた。

　楊子恒は数多くの論文とともに、PAML というソフトウエアを公開して、最尤法による分子系統樹推定法の普及につとめた。また PAML には彼が独自に改良した Thorne-Kishino の分岐年代推定のためのベイズ法も組み込まれており、この方法が広く使われるようになることに貢献した[54, 63]。

　2000 年代に入ってポストゲノム（ゲノム規模のデータが当たり前）の時代になると、大量の DNA 配列データがまるで洪水のように生み出されるようになり、同時にコンピューターと解析ソフトの両方の進歩のおかげで、大量のデータを使った系統樹解析が可能になってきた。ギリシャ出身のアレキサンドロス・スタマタキス Alexandros Stamatakis は RAxML というソフトウエアを開発し、大量の配列データから最尤法によって分子系統樹を推定することを可能にした[64]。今では数千種を含む巨大な系統樹を最尤法で推定した論文も現れている[65, 66, 32]。30 年以上も前に筆者らが最尤法による系統樹推定を始めた頃は、ヒト、チンパンジー、ゴリラ、

第 2 章　生命の樹と分子系統学

オランウータンの 4 種を扱うにも大型計算機が必要だったことを思い出すと、隔世の感がある。

■**大量の種を含む分子系統樹の推定**

　上で述べたように数千種を含む巨大な系統樹を最尤法で推定できるようになったということは、非常に重要である。先に 1968 年にフィッチが距離行列法を用いて最初の分子系統樹を描いたことを述べた[45]。距離行列法ではまず、DNA の塩基配列データに含まれる情報を、配列間の距離に縮約する。N 個の配列データがあれば、N × N の距離行列をもとに系統樹を構築する。配列データのもつすべての情報を系統樹の末端（現生生物）の間の距離行列というかたちに縮約してしまうので、最節約法や最尤法のように共通祖先を明示的に考慮することはない。そのために、手続が非常に簡単である。

　フィッチ以来、距離行列法には多くの改良が加えられ、1987 年に、当時アメリカのテキサス大学ヒューストン校におられた斎藤成也さん（現・国立遺伝学研究所）と根井正利さん（現・ペンシルベニア州立大学）が新しい距離行列法として近隣結合法（Neighbor-joining method：略して NJ 法という）を開発した[67]。

　この方法は、たくさんの配列データがあっても非常に簡単に効率よく分子系統樹を構築できるため、多くの研究者によって用いられてきた。

　分子系統樹推定においてたくさんの配列を扱えるということは、大変な長所である。

　先に長枝誘引による系統樹推定の誤りを紹介したが、誤りの原因は同じ座位に塩基置換が繰り返し起こる多重置換の効果を適切に取り入れて系統樹推定することが難しいことである。しかし、たくさんの種を扱うことによって、種のサンプリング密度を高くすれば多重置換の効果をきちんと評価することが可能になる[68]。

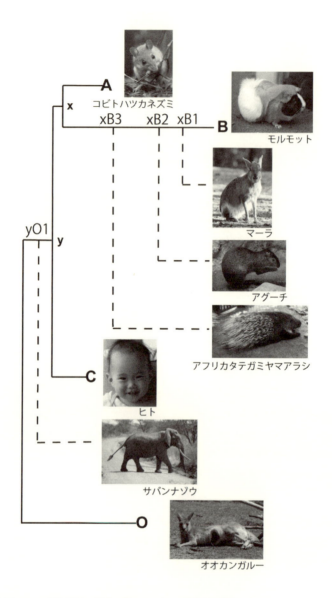

▲図 2-22 長枝誘引に対する種サンプリング密度の効果

64

第 2 章　生命の樹と分子系統学

　以下で説明するように、長枝誘引の例で取り上げたような長い枝でも、多くの種を扱うことによって枝の途中から多くの枝分かれが生じることになる（図 2-22）。

　リポたんぱくリパーゼの分子系統樹（図 2-19）では、コビトハツカネズミとモルモットの共通祖先 x からモルモットに至る枝 xB が長いことが、多重置換を正しく評価できなくして、長枝誘引をもたらす原因の 1 つだった。しかし、図 2-22 のように、この長い枝の途中から枝分かれするマーラ、アグーチ、アフリカタテガミヤマアラシなど破線で示した系統のデータを加えれば、多重置換をより正しく評価できるようになる。

　また、y から外群 O に至る枝も長いので、長枝誘引をもたらす原因の 1 つになるが、サバンナゾウのように途中から枝分かれする系統のデータを加えることによって、より正しい系統樹推定が可能になる。このように種のサンプリング密度を増やすことが、正しい系統樹推定にとって重要である。

　この際、最尤法では共通祖先 xB1、xB2、xB3、yO1 などを明示的に扱うため、これらを介して多重置換の評価が行われる。ところが、距離行列法では共通祖先を考慮しないため、種のサンプリング密度を高くした効果を十分には生かしきれない。

　これまで計算量が膨大になるために大量データを扱うのに不得手であった最尤法による分子系統樹解析は、ソフトウエアとコンピューター能力の進歩により、その方法のもつ長所を最大限生かせるようになりつつある。

　筆者のもともとの専門ということもあり、また進化を研究する上で基礎になる技術なので分子系統樹推定法について少し詳しくお話ししたが、そろそろこれくらいにして具体的な生物進化の話に入ろう。だが、マダガスカルの哺乳類進化の話に入る前に、真獣類全体の進化について次章で触れておかなければならない。

第3章　真獣類の進化

■分子系統学が明らかにした意外な関係

　口絵2は、真獣類の目の間の系統関係を表している。分子系統学を真獣類進化の問題に適用して得られた最初の驚くべき発見は、それまで進化的に1つのまとまったグループを構成していると思われていた「食虫目」が、実は別々の起源をもった動物の寄せ集めだったということであった。
　「食虫目」には、モグラ、ハリネズミ、ジャコウネズミなどが含まれていた。
　このほか、アフリカに生息していてモグラとそっくりなキンモグラ（図2-9）、マダガスカルに生息していてハリネズミ（図2-7）とそっくりなハリテンレック（図2-8）も「食虫目」に分類されていた。ところが、1990年代後半になって、アメリカ・カリフォルニア大学のマーク・スプリンガー Mark Springer らのグループがこれらの動物の DNA 解析を行なった結果、キンモグラやハリテンレックは、見掛け上はモグラやハリネズミとそっくりであるが、実際は全く違った祖先から進化してきたものであり、モグラやハリネズミよりもむしろゾウやツチブタなどに近縁であることが明らかになったのだ（口絵2）[69]。
　口絵2の真獣類系統樹曼荼羅の下の左寄りにハリネズミとハリテンレックが配置されてある。この両者が並んで配置されているからといって互いに近縁だと考えてはいけない。2つの種がお互いに近縁かどうかは、系統樹をさかのぼっていってどこで共通祖先にたどり着くかによって判断される。ハリネズミの系統をさかのぼると、まずコウモリ、ウマ、ネコ、ウシ

などとの共通祖先にたどり着くが、ハリテンレックとの共通祖先はまだである。ハリテンレックの系統をさかのぼると、まずハネジネズミやツチブタとの共通祖先にたどり着き、次にハイラックス、ジュゴン、ゾウとの共通祖先にたどり着くが、ハリネズミとの共通祖先はまだである。

これらのことは、ハリネズミはコウモリやウシなどに近く、ハリテンレックはツチブタやゾウなどに近いことを示す。ハリネズミとハリテンレックの共通祖先に出会うためには、系統樹をもっと古い時代にまでさかのぼらなければならないのだ。

この系統樹曼荼羅の枝の長さは、時間に比例して描かれてあり、赤い円は恐竜が絶滅した今から6600万年前を示す。ハリネズミとハリテンレックの共通祖先は、およそ9000万年前に生きていた現生のあらゆる真獣類の共通祖先なのである。このように分子系統学から明らかになった系統樹上に種を配置することによって、ハリネズミとハリテンレックが収斂の結果として似てきたことが分かるのである。ハリテンレックとゾウの共通祖先はそれよりも最近のものであり、恐竜絶滅よりも少し古いおよそ7000万年前に生きていたと推定される。

■真獣類の3大系統と大陸移動

口絵2の真獣類系統樹曼荼羅を見ると、真獣類は系統的には3つの大きなグループから構成されていることが分かる。その1つがハリテンレックやゾウを含むアフリカ獣類である。ゾウはアフリカだけに生息するわけではなく、アジアにもアジアゾウが生息し、マンモスなどはかつてユーラシアやアメリカなどに広く分布していた。ところが、2000万年よりも古いゾウの化石はアフリカでしか見つからないため、もともとゾウ（長鼻目）はアフリカで進化したものだと考えられるのである。ジュゴンやマナティーなどの海牛目もアフリカ獣類であるが、彼らはクジラと同様に海中に進出して世界中に分布を広げたが、長鼻目と海牛目以外のアフリカ獣類はマダガスカルやアラビアなどアフリカ周辺に分布に限られている。

真獣類のもう1つのグループは、ナマケモノ、アリクイ、アルマジロなど南アメリカに生息している異節類である。異節類という名前は、脊椎のなかにほかの真獣類では見られない独特の関節が見られることからつけられたものである。アルマジロは現在では北アメリカにも分布しているが、異節類はもともと南アメリカで進化したものと考えられる。

　最後の3つ目のグループが北方獣類であり、真獣類のなかで最大のグループである。このなかには、ハリネズミ、モグラなどの真無盲腸目やイヌ、ネコなどの食肉目、ウシ、カバ、クジラなどの鯨偶蹄目、ネズミ、リスなどの齧歯目、われわれヒトを含む霊長目が含まれる。現在最も多様なウシ科動物が見られるのは、アフリカのサバンナであるが、彼らの祖先はもともと北の大陸であったローラシア超大陸で進化したあとで、およそ2000万年前に陸続きになったアフリカに渡ってきたと考えられている。ゾウと逆のコースである。

　このように真獣類が3つの大きなグループから構成されていることは、図1-1で示した大陸移動と密接に関連している。およそ1億3000万年前までは、南半球の陸地はゴンドワナ超大陸という1つの広大な大陸としてまとまっていたが、その頃から次第にいくつかの陸地に分かれていった（図1-1*a*）。まずインディガスカル（インド＋マダガスカル）がアフリカから分かれた。次に1億500万年前頃になると、アフリカが南アメリカから分かれて、孤立した大陸になった（図1-1*b*）。南アメリカは、およそ6000万年前までは南極を通じてオーストラリアと陸続きであったが、その後孤立した。カンガルーやフクロオオカミなどオーストラリア有袋類の祖先は、6000万年前頃に南アメリカから南極を経由してオーストラリアにやってきたと考えられている。

　アフリカ獣類と異節類は、それぞれアフリカ大陸と南アメリカ大陸が孤立していた時期にそこで進化したのだ。1億500万年前に南アメリカから分かれたアフリカ大陸は、その後北上を続け、およそ2000万年前にユーラシア大陸と衝突し、その衝撃でアルプスの造山運動が始まった。ユーラシアとアフリカとが陸続きになったおかげで、ユーラシアで進化したウ

シ科動物がアフリカに進出した。その後アフリカ大陸では乾燥化が進み、サバンナが広がったために、そのような環境に適応したウシ科動物の爆発的な種分化が起こった。そのために世界で一番多様なウシ科動物が見られるのが、アフリカのサバンナなのである。

逆にもともとアフリカで進化したゾウの祖先がユーラシアに進出し、アジアゾウ、マンモス、ナウマンゾウ、ステゴドン、マストドンなど多様なゾウ類がユーラシアやアメリカで進化した。先に 2000 万年前よりも古いゾウの化石はアフリカでしか見つからないと述べたのは、このような理由からなのである。

一方、孤立していた南アメリカ大陸は、およそ 300 万年前にパナマ地峡が形成されて、北アメリカ大陸と陸続きになった。その後、北の大陸で進化したネコ科、クマ科、ラクダ科、シカ科などの動物が大挙して南アメリカに進出した。一方、南アメリカで進化したアルマジロ、アリクイ、ナマケモノなども逆に北アメリカに進出した。このような生物相の大規模な交換をアメリカ大陸間大交差 Great American Interchange という。北アメリカに進出した異節類のうちアルマジロを除く多くの系統は現在まで生きのびることはできなかった。

■**大陸移動だけでは説明できない動物の分布**

これまで大陸の分断や連結が真獣類の進化と深く関わってきたことを見てきた。しかしながら、このような大陸移動だけでは説明できないことがいくつかある。ここではそのような例をいくつか見ていこう。あとでマダガスカル哺乳類の起源を論ずる際にも重要になる。

まず真獣類の 3 大系統の間の枝分かれの問題がある。もともとゴンドワナ超大陸は北半球のローラシア超大陸とつながっていて、パンゲアというもっと大きな超大陸の一部であった。**図 1-1***a* から明らかなように、1 億 3000 万年前にゴンドワナ超大陸の分断が始まる以前に、ゴンドワナ超大陸はすでにパンゲアから分かれていた。その後、1 億 500 万年前になって

(a)

(b)

▲図3-1 真獣類の3大グループの間の系統関係 (a) 大陸の分断から予想される関係．北方獣類がまず他の2グループから分岐した．(b) 分子系統学から推測された関係[70]．3大グループはほとんど同時に分岐した．

アフリカと南アメリカが分かれたわけである。従って、このような大陸の分断が真獣類の種分化と直接関わっていたのであれば、まずゴンドワナ超大陸とローラシア超大陸の分断に伴って北方獣類がほかの2グループから分かれ、そのあとでアフリカ大陸と南アメリカ大陸の分断に伴ってアフリカ獣類と異節類とが分岐したことが予想される（**図 3-1***a*）。ところが、分子系統学からはそのような関係を積極的に支持する結果は得られていない。むしろこれらの3者が地質学的な時間スケールでは、ほとんど同時に分岐したように思われるのだ（**図 3-1***b*）[70]。

　もう1つの問題は、3大グループが分岐した年代である。分子進化の速度は、形態進化の速度にくらべると一定に近いが、さまざまな理由でばらつきがある。系統によって分子進化速度がある程度違っていても、その違いは定量的に測ることができるので、それを考慮して系統樹上の分岐年代を推定することができる。筆者らも参加した楊子恒（ヤン・ジーヘン）Ziheng Yang らのグループによるそのような解析で、真獣類の3大グループの分岐はおよそ9000万年前と推定されたのである[1]。このような推定はさまざまな仮定の上で成り立つものであるから、それらの仮定が正しくない場合は、推定値が間違うことはあり得る。しかしながら、最近のいくつかの研究結果を見ると、分岐年代が大陸の分断の時期よりもはっきりと若く出る傾向がある。このことと真獣類の3大グループがほとんど同時に分岐したように見える事実は、どのように解釈すればよいのであろうか？

　確かに南のゴンドワナ超大陸と北のローラシア超大陸との分断は、1億3000万年前よりもかなり古かったと考えられる。しかし、**図 1-1***a*、*b*、*c*から分かるように、ローラシア超大陸と現在のアフリカとの間の海峡は、ずっと長い間狭いままであった。また**図 1-1***b*が示すように、およそ1億500万年前にアフリカと南アメリカの間の分断が起こったが、その後しばらくはこの2つの大陸の間の海峡は狭かったであろう。従って1000万年単位の長い時間の間では、これらの大陸間で生物相の交流が何回か起こった可能性がある。

　海を隔てた生物相の交流はどのようにして可能だったのだろうか。その

◀図 3-2 コモンマーモセット *Callithrix jacchus*
南アメリカにはこのような新世界ザルと呼ばれる多様な霊長類が生息しているが、彼らの祖先はアフリカから大西洋を越えて渡ってきたと考えられている。

ことを以下で見ていこう。

■ 新世界ザルの起源

海を隔てた大陸間の移住の結果だと思われる具体的な例がある。南アメリカの霊長類、新世界ザルである（図3-2）。鼻孔が外を向いていてその間隔が広いため、広鼻猿類とも呼ばれる。彼らの起源は長い間の謎であった。

以前は、新世界ザルの祖先は北アメリカから渡ってきたという説が有力であった。新世界ザルの一番古い化石はおよそ 2600 万年前のものである。それよりも前からずっと長い間、北アメリカは南アメリカからは離れていたが、南アメリカに一番近い大陸は北アメリカだったので、彼らの祖先は北アメリカから渡ってきたと考えられたのである。ところが、北アメリカからは、新世界ザルの祖先にあたるような霊長類の化石は見つかっていない。一方、アフリカのエジプトで、新世界ザルの古い化石と似た化石が見つかったことから、新世界ザルの祖先は大西洋を越えてアフリカから移住したと考えられるようになったのである [42, 71]。

海を越えた陸上動物の移住の方法について最初の仮説を提唱したのは、あのチャールズ・ダーウィンであった。彼はビーグル号で南アメリカ、チリのチョノス群島を訪れた際、ハツカネズミ属 *Mus* のネズミが離ればなれの小さな島々に分布しているのを見て、どのような方法でそのような分布が実現し得るかを説明しようと考えた。ダーウィンの説明は次のようなものであった。

「ある種の猛禽類は、獲物を生かしたまま巣に運ぶといわれる。それが真

実ならば、数世紀が過ぎるうちにはときおり、雛島からうまく脱出する獲物が出てもおかしくない。互いに遠く離れた島々に小型齧歯類が広く分布することの説明として、そういう経緯は必要である」[72]。アフリカから南アメリカという遠く離れた場所への移住を説明するにはこのような方法では無理であろうが、ダーウィンが考えた「幸運に恵まれた移住」という考えはここでも通用するものと思われる。新世界ザルの祖先が南アメリカに移住した時期はおよそ3400万年前と推測されるが、その当時、アフリカと南アメリカの間の距離は現在よりは短かった。今よりも距離が短かったとはいえ、陸上哺乳類が海を越えて渡るのは容易ではなかったであろう。どのような方法でそのような移住が可能だったのだろうか。現在でもそうであるが、その当時もアフリカから南アメリカ方向に海流が流れていたと考えられるので、アフリカの大きな河から海に流された流木に乗ったサルが、南アメリカに漂着した可能性が考えられる。しかし、漂流中の食べ物などのことを考えると、もっと別の方法で渡った可能性が高そうである。それが浮き島による漂着である。

図3-3が、尾瀬湿原の池塘で見られる浮き島である。これらは、植物の遺骸が積み重なって泥炭化して、水面に浮いているものである。ロシアのキマ湖というダム湖では、幅800 m、長さ4 kmの巨大な浮き島が目撃されたことがある。また浮き島の大規模なものになると、そこに木が生えていることもある。そのようなものが、大洪水などで海に流されたら、たまたまそれに乗ったサルが別の大陸まで漂着する可能性があるだろう。

実際に、1902年にキューバからアメリカ合衆国のフィラデルフィアに向かっていた船がサンサルバドル沖にさしかかったとき、そこを漂流する

▲図3-3 尾瀬湿原の池塘で見られる浮き島 植物の遺骸が積み重なって泥炭化し，水面に浮いている．

浮き島に乗ったたくさんのサルが目撃されたという[73]。その浮き島には実のついたココナッツの木が生えていて、船が近づくとサルたちはココナッツの実を投げつけてきたという。このサルたちのその後の運命は不明である。たぶん新しい土地にたどり着く前に、死に絶えた可能性が高いであろう。ただし、このように食料となる木が生えた浮き島であれば、同じようなことが何百回か起これば、そのうち運よく新しい土地にたどり着けることもあっただろう。数百万年という長い時間の間には、アフリカから南アメリカという普通はとても不可能だと思われる移住が成功することもあったのではないだろうか。

▲図 3-4　マーラ *Dolichotis patagonia*　南アメリカ固有のテンジクネズミ上科の齧歯類.

　およそ3400万年前に新世界ザルの祖先がアフリカから南アメリカに渡ってきた頃、真獣類のもう1つのグループも一緒にやって来た。マーラ（図3-4）、テンジクネズミ（モルモット）、アメリカヤマアラシなどの祖先である。彼らは齧歯目・ヤマアラシ亜目・テンジクネズミ上科（新世界ヤマアラシとも呼ばれる）に分類されるが、彼らもまた大西洋を越えてアフリカから南アメリカに漂着した1つの種から進化したものであり、漂着した時期も新世界ザルの祖先と同じ頃だったと推測される。

　新世界ザルの祖先と新世界ヤマアラシの祖先が同じ頃南アメリカにやって来たということは、その頃に大西洋を渡るのに何か好都合な条件がそろっていたのかもしれない。第5章でも象鳥の進化と関連して触れることになるが、およそ3500万年前にゴンドワナ超大陸の分裂が完了して南極大陸が完全に孤立し、この大陸の周りを回る環南極海流が形成された。そのため、それまで赤道地域から南極大陸沿岸に流れ込んでいた暖流が遮

断され、南極は次第に氷の大陸になっていった。それに伴って地球規模の寒冷化が進み、海水面の低下が起った[74]。新世界ザルの祖先と新世界ヤマアラシの祖先はこのようなチャンスを生かして、大西洋を渡ったのかもしれない。漂着説を持ち出せば、何でも説明できてしまうという批判があるが、大陸の分断などほかの仮説ではどうしても説明できない場合は、これを持ち出さざるを得ない。大陸の分断で説明するには、これらの霊長類や齧歯類の進化の時間スケールは若過ぎるのである。

■ダーウィンの「海を越えた漂着」の考え

> 「フォーブスによれば、大陸の広がりをそのまま読み取れば、最近の時代においてすべての島はどこかの大陸に接近していたか、接続していたと考えられるというのだ。この見解に立てば多くの難題は解消されるが、島の生物に関するすべての事実を説明することはできない。以下において私は、単に分散の問題に限定することなく、個別の創造と変化を伴う由来という二つ説の正しさに関わる事実についても考察するつもりである。」（チャールズ・ダーウィン、1859年[24]）

先にダーウィンの「幸運に恵まれた移住」の考えを述べたが、ここでもう少し詳しく彼の考えを紹介しよう。

近縁種が海で遠く隔てられた地域に生息することは、古くから知られていた。ダーウィンが論破すべきものとして目指していたのが、それまで西洋社会で広く信じられていた「地球上のあらゆる種は、神が創造されたものである」という考えであった。海で遠く隔てられた地域に似たような種が分布していることは、進化論に反対する人々にとっては、これこそが神の創造によるものである証拠と考えるかもしれない。そのような考えを打破するためにダーウィンは、「海を越えた漂着」のように幸運に恵まれた偶然による移住を持ち出してこの困難に対処したのであった。

ダーウィンはいくつかの実験も行なって、この考えが合理的であることを示した。植物の種子が海水に浮かぶことを確かめ、更に何週間か海

水に浸しておいた種子が発芽するかどうかの実験を行なった。いくつかの種では、137日間海水に浸されていた種子でも発芽能力があることが示された。また植物の種子や淡水性の貝などが渡りをするカモの水かきにくっついた泥と一緒に運ばれる可能性についても論じている。種子を食べた魚をワシやコウノトリなどが食べ、これらの鳥が渡った先で糞として排泄されたあとで発芽するというシナリオも考えていて、ワシの糞の中の種子が発芽するという実験まで行なっている。

上で引用したダーウィンの言葉にある「個別の創造」は、一見移住が不可能な島に生息する生き物の分布を説明するのに創造論者によって用いられたものであるが、ダーウィンはなんとかこれを「海を越えた漂着」で説明しようとしたのである。ダーウィンの時代には大陸移動の考えはなかったが、生物の奇妙な分布を説明するものとして、「陸橋」という考えがあった。海水準が下がることによって海底が陸になって、生き物の移住が可能になるというものである。フォーブスはそのようなもので生物の分布を説明しようとしたのだ。

ダーウィンもそのような可能性は認めたが、生物の分布以外に陸橋が存在したことを支持する独立した証拠がある場合を除いて、安易にそのような考えに頼ることを戒めている。1858年にダーウィンと同時に自然選択による進化の論文を公表したウォーレスは、最初は陸橋の考えに傾いていたが、次第にダーウィンの「海を越えた漂着」を受け入れるようになった。

似たような環境には似たような生き物が生息していることは、ダーウィン以前から知られていた。しかし、これだけでは「神がそれぞれの環境にあった種を創造された」ということでも説明できてしまう。実際には、それぞれの地域にどのような種が生息するかは、環境だけではなく、移住の可能性がある周辺地域にこれまでにどのような種が生息していたかという制約によっても決まっている。ダーウィンのいう「変化を伴う継承（由来）」である。

ホッキョクグマがいかに極地の環境に適応していても、南極には分布できなかった。ホッキョクグマが赤道を越えて南極まで移住することはで

きなかったからである⁽⁷⁵⁾。このような生物地理学的な事実こそが、創造説を論破する大きな根拠に成り得たのである。大陸から離れた火山島で陸生哺乳類が生息していないのも同じような事情による。生息に適さないという理由からではなく、単に移住できなかったからである。このことは、ヒトが持ち込んだネズミなどの哺乳類がはびこって島の生態系を破壊しているという多くの事例からも明らかである。

■ **真獣類の3大系統がほとんど同時に分岐したように見えるのはなぜか？**

海を泳いで渡ることができない陸上哺乳類であっても、浮き島などに乗った漂着によって大陸間の移住に成功することがあったと思われる。1回の漂流だけでは成功する確率は非常に低いかもしれないが、地質学的な時間のあいだにはそのような試みが何回も起こるだろうから、いつかは成功することもあったであろう。そのような移住がたまたま成功することによって、その子孫の将来は大きく開けることになる。なにしろ現在南アメリカに生息するおよそ50種の新世界ザルはすべて、この1回の成功者の子孫なのだから。

このように海を越えた移住は、真獣類進化の長い歴史の間には何回も起こったものと思われる。真獣類の3大系統が分岐したと思われる9000万年前は、ローラシア大陸、アフリカ大陸、それに南アメリカ大陸は互いに離れてはいたが、新世界ザルの祖先がアフリカから南アメリカに渡った3400万年前にくらべて、大陸間の移動距離ははるかに短くてすんだはずである。従って、長い時間の間には、大陸間の移住が何回も起こったであろう。このことが、真獣類の3大系統の間の分岐の順番と年代が、大陸の分断から予想されるものと食い違っている理由だと思われる。

陸上哺乳類の現在の分布を、海を越えた漂着によって説明しようとしたのは、古生物学者のジョージ・ゲイロード・シンプソン George Gaylord Simpson（1902-1984）であった。1940年代のことである。**図1-1**に示すように、超大陸が次第に分裂して現在のような大陸の配置になったと

いうのが、1912年にアルフレッド・ロータル・ウェゲナー Alfred Lothar Wegener（1880-1930）によって提唱された大陸移動説である[76]。シンプソンは大陸移動説に反対して漂着説を提唱したのであった。彼は、現在マダガスカルに生息する哺乳類は、その祖先がすべてアフリカから海を越えてやってきたと考えた[77]。ウェゲナーの大陸移動説の根拠の1つとして、例えばアフリカと南アメリカの間で白亜紀初期の生物相が似ているということが挙げられていたが、シンプソンはそのようなことを考えなくても「海を越えた漂着」で説明できると主張した。

　ウェゲナーの大陸移動説は長い間認められなかったが、その最大の理由は大陸を動かしている力のメカニズムが知られていなかったからであった。その後、1960年代後半になってプレートテクトニクス理論が現れた。地球の表面を覆う十数枚のプレートの運動によって、地震、火山、造山運動などを説明する理論である。これにより大陸を動かす力の実在が分かり、大陸移動説が受け入れられるようになった。大陸移動説は生物の地理的分布を説明するのにも有効であると考えられた。確かに、白亜紀初期のアフリカと南アメリカの生物相の類似は大陸移動説ですっきりと説明できたのである。それに伴って、シンプソンの漂着説は、これを持ち出せば何でも説明できてしまうが、実証不能で非科学的なものとして退けられるようになってきた。

　真獣類の3大系統の間の分岐の順番と年代が、大陸の分断によって説明できれば、それが一番すっきりする。しかし大陸の分断だけでうまく説明できない以上、ほかの説明を持ち出さざるを得ないのである。そのなかで、今のところ漂着説が一番有力だということである。

■ダーウィンの悩み

　ダーウィンは生物進化の機構として自然選択説を唱えた。1つがいの動物が4匹の子供を残すとする。この子供がすべて生き残ってまた同じように子供を残し続けるとすると、世代ごとに個体数が倍になることにな

る。n 世代後の個体数は 2^n となるから、10 世代後には $2^{10} \approx 10^3$、50 世代後には $2^{50} \approx 10^{15}$、100 世代後には $2^{100} \approx 10^{30}$ と天文学的な数になる。実際には地球の資源は有限だからこのように個体数がむやみに増えることは不可能である。個体間の競争のため、生まれた子供のなかで次世代に子供を残せる個体は限られるのである。ダーウィンは生存に有利な特徴をもった個体が、そのような特徴をもたない個体よりも平均して多くの子供を残すと考えた。これが自然選択である。このような選択を通じて、次第に種が変化していくというのが、ダーウィン進化論の基本である。世代あたりの変化はごくわずかなものでしかないので、共通の祖先から現在見られるような多様な生き物が生み出されるためには膨大な時間が必要である。

　ところがダーウィンの時代のイギリスにおける物理学の権威者であったウィリアム・トムソン WilliamThomson（のちのケルヴィン卿 Lord Kelvin; 1824-1907）は、地球の年齢はダーウィンが考えるほど古いものではないと主張した。この頃、地球の内部はどろどろの溶岩でできていることは知られていた。トムソンは、地球が溶岩の塊として作られ、その後次第に冷えて表面の地殻が形成したと考え、冷却速度から計算すると地球の年齢はせいぜい 1 億年に過ぎないと主張したのだ。

　地球の年齢が 1 億年だとしても、初期の地球は熱過ぎて生き物の生存には適しないので、生物が進化するのに使えた時間はさらに短いものでしかない。従って 1 億年という地球の年齢は、ダーウィンにとっては現在地球上で見られる多様な生物が進化するにはいかにも短過ぎるものであった。ダーウィンにとっては、この物理学の権威が示した値は、自らの説に対する重大な脅威であり、悩みの種であった。彼はトムソンの計算のどこに問題があるかを明確に指摘することはできなかったが、地質学的な記録からは地球の年齢はトムソンの計算値よりもずっと古いはずだと考えた[8]。

　トムソンの計算に重大な見落としがあることが明らかになったのは、ダーウィンの死後 20 世紀に入ってからであった。キュリー夫妻らによる放射線の発見に続き、放射性元素は α 線や β 線といった放射線を出すと別の元素に変わるが、その際に熱（崩壊熱）も放出することが明らかになっ

たのだ。トムソンの計算は、溶岩が単に冷えていくだけで、熱の供給源はないという仮定でおこなわれたが、実際には地球のマントル内の放射性元素が熱を作り出していたのであった。このような新たな発見を取り入れて精密になった絶対年代測定法の進歩により、現在では地球の年齢はおよそ46億年であることが明らかになっている。

　大陸移動も、地球内部で生み出される熱によって引き起こされるマントルの対流が外側にある固い板状のプレートを押して動かすことによって起こるものである。ウェゲナーが大陸移動説を提唱してからおよそ50年間も学界で受け入れられなかった理由は、大陸を動かす力が分からなかったからである。ダーウィンはビーグル号の航海を通じて、火山噴火、地震、陸地の標高の変化などを引き起こす共通のメカニズムが存在する可能性に気がついていた。これらも大陸移動と同様にすべて地球内部で生み出される熱によって引き起こされる現象である。残念ながらダーウィンは大陸移動の考えに思い及ぶことはなかったが、もしも彼が大陸が移動することを知っていたならば、彼が思い悩んだ生物地理学の問題のいくつかはすっきりしたことであろう。

第4章　マダガスカル哺乳類の起源

　ここでようやくマダガスカル島の生物の起源と進化という本書の本題に入ることにする。まずは哺乳類である。

■マダガスカル哺乳類相の特徴

　マダガスカルにはゾウ科、ウシ科、ネコ科などアフリカ大陸で普通に見られる哺乳類のグループがどれも生息していない。哺乳類としては海生のクジラを除くと、キツネザル、テンレック、マダガスカルマングース、ネズミ、コウモリの5つのグループだけしか生息していないのである。このように限られたグループしかいない一方で、それぞれのグループの内部では高度な多様化が起こっている。

　マダガスカルに生息する哺乳類はすべて真獣類である。世界中の真獣類は19の目に分けられるが、そのなかでマダガスカルに生息するのは5つの目に過ぎない。マダガスカルよりも狭い日本で7つの目の真獣類が生息するのに比べると、明らかに少ない。ところがその少ない目の内部の多様性は非常に高く、しかもほとんどの種がマダガスカル以外では見られない固有種なのである。これらの動物の起源とこの島でどのように多様化が起こったかを見ていこう。

　前章で見たように、真獣類の3大グループ（北方獣類、アフリカ獣類、異節類）が分かれたのがおよそ9000万年前であるが、それ以前にインディガスカル（インド + マダガスカル）はまずアフリカから分かれ、続いて南極、南アメリカなどから分かれて孤立していた。従って、現在マダガス

カルに生息している真獣類は、祖先がもともとマダガスカルにいたというよりは、ほかの大陸から渡ってきたと考えるのが自然である。

■キツネザル

マダガスカルの霊長類は、すべてキツネザルの仲間であり、キツネザル下目（下目は亜目よりも下の、亜目は目より下位の分類単位）に分類される。キツネザル下目は、マダガスカルの哺乳類のなかで最も多様な種を含むグループである。キツネザルという名前は、鼻先がキツネのように突き出した種類が多いからと思われる。英語ではレムール lemur と呼ばれるが、これはローマ神話で死者の魂を意味する lemures からきているという。ある種のキツネザルの鳴き声がそれを連想させたからであろうか。

口絵4がマダガスカルのキツネザル下目の系統樹曼荼羅である。キツネザルの仲間には、日本でも動物園でよく見られるワオキツネザル（**図4-1**）、マウスキツネザルというマダガスカルでは最小のサル（**図4-2**）、

▲図4-1　ワオキツネザル *Lemur catta*（キツネザル科；ベレンティにて）　種小名の *catta* は鳴き声がネコに似ていることからきた．また和名の「ワオ」は尾の模様が白黒の「輪尾」であることからきた．代謝率が低いので，朝はこの写真のように太陽に向かって手を広げて日光浴をし，体温を上げてから活動を開始する．

第4章　マダガスカル哺乳類の起源

◀図4-2　ハイイロショウマウスキツネザル Microcebus murinus（コビトキツネザル科；ベレンティにて）　体重58-67gの小さなサルである．

▲図4-3a　ヴェローシファカ Propithecus verreauxi（インドリ科；ベレンティにて）　シファカの横っ飛びは有名だが，これは本来，樹の幹にしがみついた状態から隣りの樹に飛び移る移動方法である．この写真は森林が破壊されてやむを得ず地上を移動している姿であり，樹を蹴って飛び移るために発達した後足が長過ぎて，彼らは四足歩行ができないのだ．また2本足で立っても，足を交互に動かして歩くことができない．彼らは木の上で実を採る際に，足で枝にぶら下がることもできる．マダガスカル南西部から南部にかけての乾燥地帯に生息するヴェローシファカは水を飲まずに，水分はもっぱら食物である葉から摂るという．

◀図4-3b　コクレルシファカ Propithecus conquereli（インドリ科；アンタナナリブ近郊レムールパーク）マダガスカル北西部に生息する．

83

▲図 4-3c　ディアデムシファカ *Propithecus diadema*（インドリ科；アンジュズルベにて）腕と足のオレンジ色が美しいシファカで，マダガスカル東部の降雨林に生息する．木にはたくさんのサルオガセ（地衣類）が付着している．ディアデムシファカの分布はインドリと重なるが，この 2 種は食べるものが違うので競合しない．

▲図 4-4　インドリ *Indri indri*（インドリ科；ペリネにて）　マダガスカル東部の降雨林に生息している．

▲図 4-5　アヴァヒ *Avahi laniger*（インドリ科；アンジュズルベにて）　インドリやシファカなどと同じインドリ科に属するが，そのなかで唯一夜行性である．昼行性だったインドリ科の共通祖先から夜行性に戻ったと考えられる．

第4章 マダガスカル哺乳類の起源

◀図4-6 シロアシイタチキツネザル *Lepilemur leucopus*（イタチキツネザル科；ベレンティにて） マダガスカル東部の降雨林に生息している.

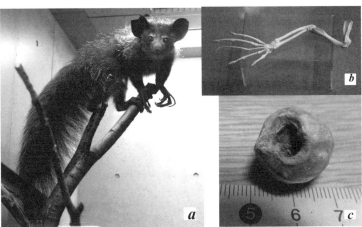

▲図4-7 中指が異様に細くて長いアイアイ *Daubentonia madagascariensis*（アイアイ科）；*a* 上野動物園の飼育個体, *b* アイアイ右腕のレプリカ標本（日本モンキーセンター所蔵）. 中指が細くて長いが, 薬指はもっと長くて太い. 手の爪はすべてかぎ爪, *c* ラミーの種子 穴はアイアイが開けたもの（被写体は, 島泰三さんの採集標本）. アイアイは細長い中指でラミーの種子の中身を掻き出して食べる.

85

地面をまっすぐに歩くことができずに横っ飛びするシファカ（図 4-3*a*、-3*b*、-3*c*）、マダガスカルの現生サルでは最大のインドリ（図 4-4）、アヴァヒ（図 4-5）、イタチキツネザル（図 4-6）、アイアイ（図 4-7）など実に多様なものが含まれる。

このなかで、ハイイロショウマウスキツネザル（図 4-2）は体重 58 〜 67 g であるが、これと同属の西部ムルンダヴァの近くに生息するベルテマウスキツネザル *Microcebus berthae* は、世界で最小の霊長類の 1 つで、体重 23 〜 35 g である。シファカ属 *Propithecus* には口絵 4 と図 4-3*a* にあるヴェローシファカのほかに、デッケンシファカ（図 1-10）、コクレルシファカ（図 4-3*b*）、ディアディムシファカ（図 4-3*c*）などを含めて合計 9 種が記載されていて、それぞれがマダガスカルの異なる地域に分布している[82]。アヴァヒはインドリやシファカなどと同じインドリ科に属するが、そのなかで唯一夜行性である。昼行性だったインドリ科の共通祖先から夜行性に戻ったと考えられる。

アイアイの中指は異様に細くて長いが（図 4-7*a*、*b*）、これは木の中にいる昆虫をほじくり出すのに使われると考えられていた。マダガスカルにはキツツキがいないので、アイアイがキツツキの役割を果たしていると考えられていたのだ。ところが島泰三さんらは、アイアイは昆虫の幼虫を食べることはあるが、ラミー *Canarium madagascariensis* という木の実を主食にしていることを発見した（図 4-7*c*）[78, 79, 80]。

マダガスカル北東部アイアイの住むヌシマンガベ島の島さんの調査地域にあるラミーには、年間を通じてどれかの木に果実が実っているのである。ラミーの実は直径 3 cm ほどであるが、果肉に囲まれた中にある 4 mm の厚さの非常に固い種子の殻にアイアイは鋭い切歯で穴をあけて、種子の中身の仁を食べるのに細くて長い中指を使うのである。アイアイは果肉を食べずに種子の仁だけを食べるという。アイアイの鋭い切歯と針金のように長い中指は、ラミーの固い種子の中身を食べるために進化したと思われる。

エリマキキツネザルもラミーの実を食べるが、丸ごと飲み込むらしい。

第4章 マダガスカル哺乳類の起源

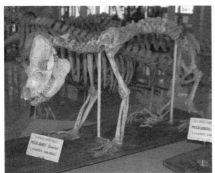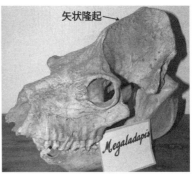

▲図4-8 メガラダピス・エドワルディ *Megaladapis edwardsi*（マダガスカル科学アカデミー博物館にて）

▲図4-9 メガラダピスの頭骨（アンタナナリブ大所蔵） 頭頂部に強力な顎の筋肉を支える矢状隆起が発達していた．

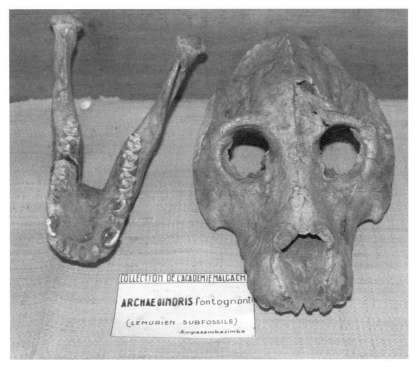

▲図4-10 アーケオインドリ・フォントイノンチ *Archaeoindris fontoynonti*（インドリ科；マダガスカル科学アカデミー博物館所蔵） マダガスカルに生息した霊長類のなかで最大の種で，体重は200 kgにも達した．

従ってこちらは果肉だけを消化し、硬い種子はそのまま排泄する。ラミーにとっては、エリマキキツネザルは種子散布者として有難い存在であるが、アイアイは迷惑な存在のように思われる。ところが島さんによると、アイアイはラミーにとっても役に立っている可能性があるという。ラミーの種子はそのままでは発芽しにくいが、端を割ると発芽しやすくなるのだという。

アイアイは穴をあけたラミーの種子を地面に落としてしまうことがあるので、そのことが発芽を助けている可能性があるのだという。現生のアイアイの体重は 2 ～ 3 kg であるが、かつてはジャイアントアイアイ *Daubentonia robusta* という体重が 2 倍以上もある大きなアイアイがいた。

現生のキツネザルのなかでは、インドリが最大で、体重は 5.8 ～ 9 kg であるが、およそ 2300 年前に人類がこの島にやってきて以降絶滅したメガラダピス・グランディディエリ *Megaladapis grandidieri*（口絵 4）の体重は 35 ～ 70 kg だった[81]。またこれと近縁のメガラダピス・エドワルディ *Megaladapis edwardsi*（図 4-8）の体重は平均 85 kg ほどもあった。この仲間のキツネザルには矢状隆起と呼ばれる頭頂部の前後に走る骨の隆起が見られる（図 4-9）。これは強力な顎の筋肉を支えるものであり、ゴリラや硬いタケを食べるパンダなどでも見られる。メガラダピスはゴリラのような風貌のキツネザルであった。実はマダガスカルに最初に人類が到達した頃には、更に大型のキツネザルもいた。アーケオインドリ・フォントイノンチ *Archaeoindris fontoynonti*（図 4-10）は体重 200 kg にも達したといわれており、現在アフリカに生息するオスのゴリラに匹敵する大きさであった。

インドリは現存するマダガスカルのサルのなかでは、森のなかで出会ったらアイアイと並んで最も印象的なものであろう（図 4-4）。3 km 程度離れても聞こえるような、森にひびきわたる声でなわばりを主張するので、観察者はそれを頼りに見つけることができる。体重には雌雄の違いがなく 5.8 ～ 9 kg で、現生のキツネザル類のなかでは最大[82]である。インドリは手足が長いためか、ニホンザルよりも大きなサルという印象を受けるが、実際には本州のニホンザルよりも体重は大分軽いのだ。ニホンザル

の体重は生息地による違いが大きく、オスで5.6〜18.4 kg、メスで4〜13.8 kgであるが、分布の幅のうちの小さいのは屋久島のヤクシマザル（ニホンザルの亜種）であり、インドリの体重はヤクシマザルよりは重いが、本州のニホンザルよりは軽いのである。

この魅力的なインドリは動物園では見ることができない。かつて巨大な檻で飼う試みがなされたことがあったが、長く生きることはできなかったという[78]。自由に生きる広大な土地が必要なようである。現生のインドリよりも大きなキツネザルは、ヒトがこの島にやって来て以降すべて絶滅した。絶滅した大型キツネザルは少なくとも17種におよぶという。インドリのマダガスカル名はbabakotoで、「お父さん」という意味である。尾が非常に短いので、マダガスカルのある地域ではヒトの祖先と考えられており、「お父さん」という名前はこれと関連しているのかもしれない。

哺乳類ではメスにくらべてオスのからだが大きく、社会的にも優位であることが多い。ところがキツネザル類では、たいていオス・メスの間でからだの大きさに明らかな違いは見られない。ブラウンキツネザルではオス・メスの間で優劣が見られないが、調べられた範囲ではほかの種ではメスがオスよりも社会的に優位であるという[83]。オス・メスの間の衝突は食物をめぐって起きることが多いが、キツネザルではメスが近づいてくると、オスが食物を譲るのである。哺乳類のなかでは珍しいこのような社会性がどのように進化したかという問題は、興味ある研究課題である。

これらの多様なキツネザルはどのようにして生まれたのだろうか。このような疑問を解くためには、霊長類全体の進化の中でマダガスカルのキツネザル類がどのように位置づけられるかを知ることが必要である。**口絵3**の霊長目系統樹曼荼羅によると、霊長目は系統的には直鼻猿亜目と曲鼻猿亜目の2大グループから成る（直鼻とは鼻腔がまっすぐであり、曲鼻とはそれが曲がっていることを意味する。

直鼻猿亜目は真猿類とメガネザル類とに分けられ、真猿類はさらにわれわれヒトとチンパンジー、ゴリラ、オランウータン、テナガザルを含むヒト上科、ニホンザル、アカゲザル、ヒヒ、テングザルなどを含むオナガザ

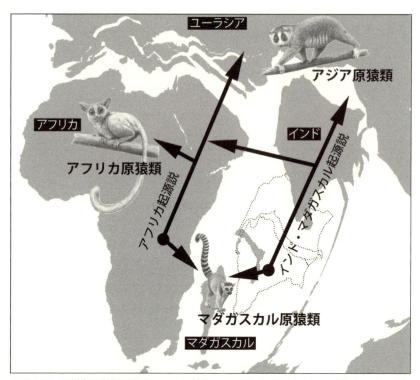

▲図4-11 原猿類の起源に関する2つの対立する仮説　黒塗りの丸は系統樹の根元，つまり原猿類の共通祖先をあらわす．この図の塗りつぶした部分はインドがユーラシアと陸続きになったおよそ4500万年前の陸地の配置をあらわしているが，点線は6500万年前のインドをあらわしている．この当時のインドは，現在チベット高原の下にもぐり込んでいる部分も含むので，現在地表にあらわれているものよりも大きく，大インドとも呼ばれる．イラストは、文献(84)の図4を改変した菊谷詩子さんの原画に図案上の脚色を施したもの．

ル上科、クモザル、オマキザル、マーモセット、ヨザルなどのオマキザル上科（新世界ザルともいう）に分けられる。一方の曲鼻猿亜目は真猿類に対して原猿類とも呼ばれるが、マダガスカル固有のキツネザル下目とアジアとアフリカに分布するロリス下目に分けられる。マダガスカルのキツネザルは、進化的にキツネザル下目という1つのグループにまとまっている。このことは、すべてのキツネザルは1つの共通祖先から進化したということを意味する。

第 4 章　マダガスカル哺乳類の起源

■キツネザルの起源に関する 2 つの仮説

　マダガスカルのキツネザルの起源を知る上で重要なのは、キツネザル下目に一番近いのがロリス下目だということである。このような関係にあるグループを姉妹群という。ロリス下目にはアジアに生息するロリスとアフリカに生息するガラゴやポットーが含まれる。もしも、アフリカのガラゴやポットーがアジアのロリスよりもキツネザルに近縁だということであれば、キツネザルの祖先はアフリカから海を渡ってマダガスカルにやって来た可能性が高いことになる。ところが、実際にはそのような関係ではなく、系統関係からはキツネザルの起源を積極的に示す情報は得られない。キツネザル以外の原猿類は、アフリカとアジアに分布するが、どちらかが特にキツネザルに近いという関係ではなく、この両者が互いに近い関係にあり、キツネザルとは系統的には等距離にあるのだ。

　このような系統関係からは、マダガスカルのキツネザル類がアフリカから渡ってきた可能性「原猿類のアフリカ起源説」のほかに、別のシナリオも考え得る。それが「原猿類のインド・マダガスカル起源説」である（図 4-11）。ロリス下目がインド由来という説であり、「ロリス下目の出インド起源説」と呼ばれることもある。図 1-1b を見ると、1 億 500 万年前にはマダガスカルとインドはつながってインディガスカルを構成していた。それが遅くとも 7500 万年前までにはインディガスカルが分裂して、インドはマダガスカルから離れて北上した。「インド・マダガスカル起源説」では、このインディガスカルの分裂がロリス下目とキツネザル下目の分岐に対応することになる。北上するインド亜大陸に乗ったロリス下目の祖先が、およそ 4500 万年前にインドがユーラシア大陸に衝突したあとで、ユーラシア、続いてアフリカへと分布を広げて現在のロリス下目が進化したという考えである。一方、マダガスカルに残されたサルがキツネザル下目の祖先になった。この 2 つの仮説のほかに、キツネザルの祖先がアジアから海を越えてマダガスカルに渡ったというシナリオもあり得るが、その距離を考えると現実的ではないだろう。

それでは、この2つの仮説のうちのどちらが実際の進化に対応するだろうか。それを判定するには、ロリス下目とキツネザル下目の間の分岐年代が重要である。口絵3の霊長目系統樹曼荼羅の枝の長さは地質年代を反映するように描かれているが、中心部の赤い円が6600万年前の恐竜絶滅に対応している。この図からはロリス下目とキツネザル下目との分岐はおよそ5500万年前と推定され、6600万年前よりは新しいのである。つまり、インドとマダガスカルが分かれたとされる7500万年よりは明らかに新しい。もしもここに挙げたインディガスカルの分裂時期と原猿類内部の分岐時期が正しいとすると、ロリス下目とキツネザル下目の分岐をインディガスカルの分裂で説明することはできないことになる。

　そのようなわけで、現在学界の大勢としては、マダガスカルのキツネザルの祖先はアフリカから海を越えて渡ってきたと考えられている（アフリカ起源説）。アフリカからマダガスカルへの最短距離はおよそ400 kmであるから、キツネザルの祖先はこの距離を渡ったことになる。アフリカから大西洋を渡って南アメリカに渡った新世界ザルの祖先と同様に、マダガスカルに渡ったキツネザルの祖先は新天地で多様な種に進化した。口絵4は曲鼻猿亜目・キツネザル下目の系統樹曼荼羅である[85, 2]。現在マダガスカルに生息するキツネザル下目のサルは98種であるのに対して、アフリカとアジアのロリス下目のサルは、それぞれ23種、18種に過ぎない[82]。

　キツネザルの祖先が海を渡ってやってきたと考えられる時代の哺乳類の化石はマダガスカルからはほとんど見つかっていないので、その頃この島がどのような状況であったかは分からない。しかし、マダガスカルでこれだけ多様なサルがたった1つの共通祖先種から進化し得たのは、競争相手がいない新天地で存分に多様化できた結果であろう。もちろんキツネザルの祖先がやってきた頃には、インドと別れたあとにマダガスカルに残された哺乳類の子孫がいたはずなので、「競争相手がいなかった」というのは正しくないかもしれない。彼らとの競争に打ち勝って、多様化したというべきかもしれない。浮き島などによってアフリカから漂着したとすると、偶然の賜物であるが、その結果として現在のキツネザルの繁栄がもたらさ

第 4 章 マダガスカル哺乳類の起源

れたのである。

　浮き島などの漂流物に乗ってアフリカからマダガスカルにたどり着くためには幸運に恵まれることが必要であるが、幸運以外にも成功するための条件がある。浮き島に食料になる植物が生えていたとしても、それには限りがあるので、あまりに食欲旺盛な動物では食糧が尽きてしまって無事にマダガスカルまでたどり着けなかったであろう。キツネザルのなかには移住に成功するための条件を満たしていると思われるものがいる。オオコビトキツネザル Cheirogaleus major である（図 4-12）。体重の 30 ％にもなる太く長い尾に脂肪を蓄え、食料の乏し

▲図 4-12　オオコビトキツネザル Cheirogaleus major（コビトキツネザル科；ペリネにて）　太く長い尾に脂肪を蓄え，乾季に休眠する.

い乾季に休眠する。この種が分布するのはマダガスカル東部の降雨林だが、同属のフトオコビトキツネザル Cheirogaleus medius はもっと過酷な西部から南西部の乾燥地帯に分布する。乾期には体重と同じかそれ以上の量の脂肪を蓄えて尾の太さが 3 倍になるほどに太って、休眠して生き延びるという[78]。彼らは休眠中、体温を低くして代謝率を下げ、尾に蓄えた脂肪を少しずつ消費しながら厳しい季節を乗り切るのである。このような条件を満たしたものが、アフリカからの移住に成功したのかもしれない。

　口絵 4 のキツネザル下目系統樹曼荼羅には絶滅種もいくつか含まれている。人類がマダガスカルにやってきて以降に絶滅したもので、いずれも現生のインドリよりも大型であった。そのなかでメガラダピスは体重 75 kg 以上にもなる大型のサルで、歯の形態から葉食と考えられ、同じ葉食のイタチキツネザル科に近縁だと考えられていた。ところが、古代 DNA 解析により、メガラダピスはイタチキツネザル科よりも、エリマキキツネザル、ジェントルキツネザル、ワオキツネザル、チャイロキツネザルなどを含むキツネザル科に近縁であることが明らかになった。

これらのなかでエリマキキツネザル属とチャイロキツネザル属が果実食であり、果実を実らせる植物の種子の散布に寄与していると考えられる。ところが、アーケオレムールなどもっと大型の果実食のサルが絶滅してしまったため、大きな種子の散布がうまくいかなくなっているのではないかという懸念が生じている[2]。特に第8章で出てくるマダガスカル最大のバオバブであるディディエバオバブの種子散布にアーケオレムールが関与していたのではないかという説がある[86]。バオバブの実は硬い殻でおおわれていて、簡単には割ることができない。自然に割れて発芽することはなさそうなのである。大型のキツネザルに食べてもらうことが、発芽するための条件だったのかもしれない。大陸では1つの種が絶滅しても、それに代わって同じような役割を果たすことが可能な別の種がいる可能性があるが、マダガスカルのような島では1つの種の絶滅が生態系により深刻な打撃を与えることが考えられる[87]。

　口絵4の系統樹に含まれるアーケオレムールやメガラダピスなどは巨大なキツネザルだったが、それらは特に近縁な関係にはない。このように系統樹上にそれぞれの種を配置することによって、キツネザルのさまざまな系統で独立に巨大化が起こったことが分かる。

■ロリス下目の出インド起源説の可能性

　インディガスカル（レムリア大陸）が分裂してインドがマダガスカルから分かれたとされる時期よりも原猿類内部でロリス下目とキツネザル下目が分岐したと推定される時期が若いことから、マダガスカルのキツネザルの祖先はアフリカから海を渡ってきたと一般には考えられるようになってきた。それでは、原猿類のインド・マダガスカル起源説、つまりロリス下目の出インド起源説の可能性は完全に棄却されたのであろうか。筆者は、インド・マダガスカル起源説が正しい可能性は、まだ完全には否定されていないと考えている。

　パキスタンでおよそ3000万年前のコビトキツネザルに似た化石が見つ

第4章　マダガスカル哺乳類の起源

かっており[88]、これがマダガスカルから分かれた大インドに乗ってやってきたと考えると、インド・マダガスカル起源説とつじつまが合う[89]。筆者らも当初インド・マダガスカル起源説が正しいのではないかと考えたが[90]、その後分子系統学から出されるロリス下目とキツネザル下目の分岐年代が、遅くとも7500万年前までにはインドはマダガスカルから分かれたという地質学からの年代よりもはっきりと若く出る傾向にあり、アフリカ起源説を受け入れなければならないのではないかと考えるようになった。ところが、図1-1のような古地図にはいろいろな問題があることが明らかになってきた。

一般には古地磁気(古い岩石に残された地磁気の方向)を測ることによっ

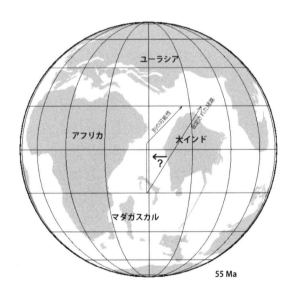

▲図4-13　およそ5500万年前の大インドの位置　この図は大インドがマダガスカルから分かれた後，直線的に現在の位置に向かって移動したと仮定して描かれている(仮定された経路)が,「別の可能性」として示したように，まず北上してその後で北東方向に向きを変えたのであれば，当時の大インドは太線矢印方向にシフトした所に位置することになる．もしもそうであれば，マダガスカルと大インドの間の動物相の交流は，かなり後の時代まで可能だったことになり，マダガスカルと分かれた後で大インドがアフリカと接触した可能性も生ずる．("ODSN Plate Tectonic Reconstruction Service" http://www.odsn.de/odsn/services/paleomap/paleomap.html における地図描画エンジンを利用して作成)．

て古地図が作られるが、地磁気による地質学的な証拠は緯度的な位置に関するものだけで、経度に関してははっきりとした証拠はないという。図4-13にロリス下目とキツネザル下目とが分かれたと推定される5500万年前の古地図を示した。この図は大インドがマダガスカルから分かれた後、直線的に現在の位置に向かって移動したと仮定して描かれている（仮定された経路）が、「別の可能性」として示したように、まず北上してその後で北東方向に向きを変えたのであれば、当時の大インドは太線矢印方向にシフトした所に位置することになる。もしもそうであれば、マダガスカルと大インドの間の動物相の交流は、かなりあとの時代まで可能だったことになり、マダガスカルと分かれたあとで大インドがアフリカと一時期接触した可能性さえも生ずるのである[91]。

このように地質学的にも今後はっきりさせていかなければならない問題が残っており、分子系統学から得られる分岐年代もさらに精度を上げていく必要がある。従って、現時点では「原猿類のアフリカ起源説」が最も有力な仮説と考えられるが、それと対立する「インド・マダガスカル起源説」が正しい可能性はまだ残されていると考えるべきであろう。科学は直線的には進まず、むしろジグザグとした進みかたをする。「長く曲がりくねった道 Long winding road」である。その過程で、これまで正しいと考えられていた仮説が新しい事実の発見で否定されるといったことが繰り返され、それを通じてわれわれが世界を見る視点が一段一段と高まっていくのだ。

■テンレック亜科

マダガスカルにおいてキツネザル類に次いで多様な哺乳類のグループがテンレック亜科である。第2章でハリネズミとの収斂進化の例としてハリテンレックを紹介したが、マダガスカルにはハリテンレック以外にもさまざまなテンレック類がいる。以前はハリネズミ、トガリネズミ、モグラなどとともに食虫目に分類されていたが、現在はアフリカ獣類のなかのアフリカ食虫類アフリカトガリネズミ目に分類されている。

第 4 章　マダガスカル哺乳類の起源

▲図 4-14　**キシマテンレック** *Hemicentetes semispinosus*（テンレック亜科；ペリネにて）　侵入者に対して針の毛を逆立てて威嚇している．背中の針をこすり合わせて音を発する．

▲図 4-15　**非常に多産なテンレック（コモンテンレック）***Tenrec ecaudatus* **の幼獣たち**　幼獣には成獣にはない縞模様があるが，これには捕食者に対するカムフラージュの効果があると考えられる．

口絵5にアフリカ食虫類の系統樹曼荼羅を示したが、このなかで背景がピンク色の部分がマダガスカルのテンレック類（テンレック亜科）である。ハリネズミに似たハリテンレックやシマテンレックなどのほかに、ジネズミに似たジネズミテンレック、トガリネズミに似たオナガテンレック、モグラに似たコメテンレック、カワネズミに似たミズテンレックなど様々な形態のものが含まれる。これらの多様なマダガスカルのテンレック類は進化的に1つのまとまったグループを形成し、その姉妹群（一番近縁なグループ）がアフリカに生息するテンレック科のポタモガーレやミ

▲図4-16　食用に捕獲されたテンレック（コモンテンレック）*Tenrec ecaudatus*（ムルンベ近郊にて）腐らないように内臓を取り除いて運んでいる．女性が顔に塗っているのは，樹皮から作った日焼け止め．

クロポタモガーレなどのポタモガーレ亜科である。

　ミズテンレックは足に水かきをもち、川でカエル、魚、昆虫などを捕まえて陸上で食べる。アフリカのポタモガーレもミズテンレックのように水生適応しているために、形態的にも似た特徴が多く、以前はこの両者が近縁であるという形態学者もいた。もしもそのような関係が正しければ、マダガスカルで多様化したテンレック類のなかで、水生適応したミズテンレックがアフリカに渡り、ポタモガーレに進化したことになる。ところが、分子系統学からはミズテンレックを含めてマダガスカルのテンレック類は進化的に1つのグループにまとまり、その姉妹群がアフリカのポタモガー

第 4 章　マダガスカル哺乳類の起源

レ亜科であることが明らかになった。このことは、アフリカにいたポタモガーレの祖先の一部がマダガスカルに渡って、多様なテンレック類の祖先になったことを意味する。マダガスカルのミズテンレックがアフリカのポタモガーレに似ているのは、水生適応による収斂進化の結果だったのだ。

　マダガスカルのテンレック亜科とアフリカのポタモガーレ亜科の分岐がおよそ 4700 万年前、マダガスカルのテンレック類の内部における一番古い分岐が 2900 万年前と推定されるので、マダガスカルのテンレック類の祖先は 4700 万年前から 2900 万年前までの間に海を渡ってやって来たはずである。この海を渡った動物は、ポタモガーレのような水生適応したものだったのだろうか。多分そうではなかったであろう。

　その当時のアフリカではもっと多様なテンレックがいた。およそ 2000 万年前にアフリカがユーラシアと陸続きになり、ユーラシアからトガリネズミ、ジャコウネズミ、ハリネズミなど真無盲腸目の動物が大挙してアフリカに移住してきた。そのためにアフリカに生息していたテンレック類の多くは絶滅してしまったと思われる。

　ポタモガーレの仲間は水生適応して独自の生態的地位を占めており、彼らの競争相手となるような真無盲腸目がいなかったために、現在まで生きのびることができたのであろう。一方、マダガスカルに渡った彼らの仲間は、そのような新たな移住者に脅かされることなく現在まで繁栄を続けている。

　図 4-14 のキシマテンレック *Hemicentetes semispinosus* はハリテンレックなどと同様に体毛が針状になっている。この写真では侵入者に対して針の毛を逆立てて威嚇している。1 回の出産で 5 〜 8 頭の子供が生まれるが、子供の成長が非常に速く 30 〜 35 日で成熟し、生まれたシーズンに出産できるようになる。そのため 3 世代 20 頭以上が 1 つの家族として生活することがある [81]。この動物は奇妙な音を発するので、現地の人は「騒々しいネズミ」と呼んでいるが、この音は家族内のコミュニケーション、特に餌を採っているときに母親と子供がはぐれないようにするための役に立っていると考えられる。遠藤秀紀さんらの研究により、背中の針をこす

り合わせることによってこの音が発せられていることが明らかになった[92]。このことは、遠藤さんの書かれた「東大夢教授」のなかで「孤島のバイオリニスト」として紹介されている[93]。

現生のテンレック類のなかで一番大きなテンレック（コモンテンレック）*Tenrec ecaudatus* は、体重が 1～2 kg である。種小名の *ecaudatus* はラテン語で「尾がない」という意味であるが、実際には 10～15 mm の短い尾をもっている。哺乳類のなかで最も多産な種の 1 つであり、飼育下では 1 回の出産で 31 頭が生まれたという記録があり、野生でも 12～16 頭が普通である。図 4-15 のテンレックは幼獣だが、幼獣には成獣にはない縞模様がある。これには捕食者に対するカムフラージュの効果があると考えられる。マダガスカルでは食用として捕獲されることが多い（図 4-16）。この肉が市場に出回っている地域もあり、場所によっては牛肉の極上切り身よりも高価であるという[83]。この種はまた食用としてインド洋の諸島に移入されている。

▲図 4-17　マダガスカルで最大の肉食獣のフォッサ *Cryptoprocta ferox*

▲図 4-18　ワオマングース *Galidia elegans*（ツィンギ・ド・ベマラハにて）

▲図 4-19　マダガスカルジャコウネコ *Fossa fossana*　この動物の属名が *Fossa* で，図 4-17 のフォッサ *Cryptoprocta ferox* とまぎらわしい．

■マダガスカル食肉類

マダガスカルには食肉目の動物が生息する。同じ食肉目でもネコ科の動物はいないが、この島で最大の肉食獣のフォッサ *Cryptoprocta ferox*（図

4-17)、ワオマングース *Galidia elegans*（図 4-18）、マダガスカルジャコウネコ *Fossa fossana*（図 4-19）などである。以前はこのうち、フォッサやマダガスカルジャコウネコなどはジャコウネコ科、ワオマングースはマングース科に分類されることが多かったが、分子系統学はこの分類が系統関係を反映していないことを明らかにした。食肉目はネコに近いネコ亜目とイヌに近いイヌ亜目とに大別されるが、口絵 6 はネコ亜目の系統樹曼荼羅である。このなかでマダガスカルの食肉目の動物は、系統的には 1 つのグループにまとまるのである[94]。しかもこのグループに一番近縁なのは、マングース科である。そのため最近の分類では、マダガスカルの食肉類はすべて、マダガスカルマングース科にまとめられることになった。

　マダガスカルジャコウネコには「ジャコウネコ」という名前がついているが、マングースと共通の祖先から進化したものである。マングースはアジアにも分布するが、多様性の大半はアフリカにある。マングース科は系統的にも社会性のマングースと単独性のマングースとに大別できる。社会性マングースにはミーアキャット、コビトマングース、シママングースなどが含まれるが、これらはすべてアフリカに生息する。単独性マングースにはジャワマングースのようにアジアに生息するものもいるが、シロオマングースやキイロマングースなど大半はアフリカのものである。このようなことから、マダガスカルマングース科の祖先はアフリカで進化し、その一部がマダガスカルやアジアに移住したものと考えられる。

　マダガスカルの食肉目も系統的に 1 つのグループにまとまるということは、キツネザルやテンレックと同様に、幸運に恵まれた祖先の一回の移住がその後の子孫の繁栄をもたらしたものであることを意味する。

　マダガスカルジャコウネコがマングースとの共通祖先から進化したということは、ジャコウネコとの収斂進化の結果であろうか。多分そうではなく、ジャコウネコ的な特徴は、ネコ亜目の共通祖先が持っていたものだと考えられる。その理由は、アフリカに生息するキノボリジャコウネコがネコ亜目の系統樹のなかで最初にほかから分岐しているからである（口絵 6）。つまり、ジャコウネコ的な特徴はあとから進化したものではなく、

▲図 4-20　フデオアシナガマウス
Eliurus myoxinus（マダガスカルアシナガマウス亜科；ツィンギ・ド・ベマラハにて）　筆のような尾をもつネズミ．

▲図 4-21　サバンナアフリカオニネズミ
Cricetomys gambianus（© 小宮輝之）　このネズミが属するアフリカ固有のアフリカオニネズミ亜科がマダガスカルアシナガマウス亜科の姉妹群である．

　ネコ亜目全体の共通祖先が持っていたものが、キノボリジャコウネコ科、ジャコウネコ科、マダガスカルジャコウネコ（マダガスカルマングース科）などの系統でそのまま保存されてきたものなのである。ネコ亜目のなかでは、これらの科で祖先的な形質が比較的よく保存されてきたのに対して、ネコ科やハイエナ科では特殊化が進行して、独自の特徴が多く進化したといえるだろう。

■マダガスカルのネズミ科

　マダガスカル固有の哺乳類の第 4 のグループがネズミである。これはマダガスカルアシナガマウス亜科と呼ばれるネズミ科のグループである。フデオアシナガマウス（**図 4-20**）やオオアシナガマウスなどが含まれる。マダガスカルアシナガマウス亜科に一番近いグループがアフリカオニネズミ亜科（**図 4-21**）であることから、このグループの祖先もまたアフリカから海を渡ってマダガスカルに到達したものであると考えられる[95]。

　マダガスカルアシナガマウス亜科の哺乳類はおよそ 20 種に過ぎず、マダガスカルの齧歯類はそのほかにはクマネズミやハツカネズミなどヒトが持ち込んだものだけである。現生哺乳類全種、およそ 5400 種の半分が齧歯目だということからは、マダガスカルの 20 種はいかにも少ない。それは現生

第4章　マダガスカル哺乳類の起源

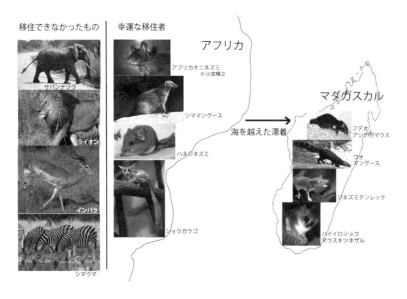

▲図4-22　マダガスカルへの移住（Simpson（1940），文献（77）のFig. 6にならって作図：「幸運な移住者」のなかの一番上のアフリカオニネズミの写真は小宮輝之さんの提供）　アフリカの原猿類，アフリカ食虫類，マングース，アフリカオニネズミは海を渡ってマダガスカルに到達し，その後新天地でキツネザル，テンレック亜科，マダガスカルマングース，マダガスカルアシナガマウスとして繁栄したが，ゾウ科，ネコ科，ウシ科，ウマ科ではそのような移住に成功したものはいなかった．マダガスカルテンレックの祖先として移住に成功した動物は，アフリカのポタモガーレに近縁であるが，現在のポタモガーレはあまりにも特殊化しているので，本図には，代わりに同じアフリカ食虫類のハネジネズミを採用した．

のマダガスカル哺乳類のなかでマダガスカルアシナガマウス亜科の祖先が海を渡ってこの島にやって来たのが一番遅かったからかもしれないが，およそ2000万年前にはマダガスカルアシナガマウス亜科の祖先がマダガスカルに渡って来たとすると，この程度しか種分化しなかった理由はほかにあるのかもしれない．条件さえそろえば比較的短期間に爆発的に種分化した例は多いのである．

■マダガスカル哺乳類の祖先たち

　マダガスカルに生息する哺乳類にはコウモリやクジラ以外に4つのグ

103

▲図 4-23a, -23b　マダガスカルオオコウモリ *Pteropus rufus*（ベレンティにて）

ループがあり、それぞれが系統的にまとまっていることから、それぞれの共通祖先から進化したことを見てきた。またキツネザル類以外は、それぞれのグループに一番近縁なものがアフリカだけに生息することから、彼らの祖先はアフリカからマダガスカルに移住したものであることも述べた。キツネザル類については、系統関係だけからはその由来をアフリカだけに絞り込むことはできないが、姉妹群との分岐の年代を考慮すると、やはりアフリカからやってきたと考えるのが妥当である。

　問題はどのような方法で彼らがアフリカからマダガスカルに移住できたかということである。かつては、陸橋説という考えもあった。海面低下などで一時的に陸続きになって動物が渡れる状況ができたかもしれないということである。もしそのような状況があったのであれば、この4つのグループ以外にも様々な動物がアフリカからマダガスカルにやってきたはずであろう。しかしアフリカで繁栄しているネコ科、ウシ科、ゾウ科などの動物がマダガスカルにやってきたという証拠はない。また、そのような陸橋が出現したのであれば、同じ時期にマダガスカルの哺乳類の祖先たちはいっせいにやってきたと考えられるが、分子系統学から推定される年代はばらばらなのである。

　やってきた順番は、キツネザル、テンレック亜科、マダガスカルマングース、マダガスカルアシナガマウスの順で、それぞれおよそ5000万年前、4000万年前、3000万年前、2000万年前と推測される。従って、本書で繰り返し述べてきたように、それぞれの祖先は浮き島などに乗って運よく漂着したと考えざるを得ないのである（**図 4-22**）。

第4章　マダガスカル哺乳類の起源

■マダガスカルのコウモリ

　マダガスカルにはコウモリの固有種もたくさん生息しているが、これまで見てきたほかの哺乳類の場合と違って、地質学的には割合最近になって渡ってきたものである。コウモリはほかの哺乳類にくらべて海を越えた移動が比較的簡単だということはあるが、それでもマダガスカルに生息するコウモリの 70 % が固有種だという。

　ここではその1つとして、マダガスカルオオコウモリ *Pteropus rufus*（図 4-23*a*、-23*b*）を紹介しよう。これはマダガスカルのコウモリのなかで最大の種であり、翼を広げると 1.5 m、体重はおよそ 1 kg である。オオコウモリ属 *Pteropus* は、オガサワラオオコウモリ、クビワオオコウモリなど日本に分布する種もあるが、東南アジア、インド、オーストラリア、ニューギニア、インド洋諸島などに広く分布する。このなかで、マダガスカルオオコウモリはマダガスカルの固有種であるが、インド洋のセーシェルやコモロなどの種と近縁であり、祖先がマダガスカルにやって来たのは地質学的にはごく最近のおよそ 10 万年前と推定される[96]。

　マダガスカルにはオオコウモリとしてはマダガスカルオオコウモリ以外に2種、ココウモリ 25 種が記載されている[81]。鳥の場合はハト目のモーリシャスドードー *Raphus cucullatus* や沖縄のヤンバルクイナ *Gallirallus okinawae* のように、捕食者のいない島に渡って飛翔能力を失ってしまうことがよくあるが、飛翔能力を失ったコウモリは知られていない。鳥の場合は地上での二足歩行に適応したものが多いが、コウモリには2本足で体を支えながら逆さまにぶら下がるものが多く、歩行には適さないからだろうか。もちろんマダガスカルのコウモリもすべて飛翔能力を保持している。

■マダガスカルの絶滅した哺乳類たち

　マダガスカルには現在キツネザル、テンレック亜科、マダガスカルマングース、マダガスカルアシナガマウス、それにコウモリなどの哺乳類が生

105

▲図 4-24　絶滅したマダガスカルコビトカバの一種 *Hippopotamus lemerlei* の半化石（マダガスカル科学アカデミー博物館蔵）　マダガスカルのこの種は成獣でも体重 275～400 kg 程度で、アフリカの現生のカバ *Hippopotamus amphibius* の 1200～2600 kg に比べるとだいぶ小さい．

息しているが、じつは最近まではこれらとは別の 2 つのグループも生息していた。マダガスカルコビトカバ（**図 4-24**）とマダガスカルツチブタである。
　このうちマダガスカルコビトカバは「コビトカバ」という名前がついているが、現在西アフリカに生息するコビトカバ *Choeropsis liberiensis* よりはむしろサハラ砂漠よりも南のアフリカに広く分布する大型のカバ *Hippopotamus amphibius* に近縁であり、マダガスカルに渡ってから小型化したものと思われる。島に渡ったカバが小型化した例としては、ほかに地中海の島に渡ったクレタコビトカバ、キプロスコビトカバ（どちらも絶滅種）などが知られている。
　マダガスカルコビトカバと呼ばれる動物としては、複数種が記載されており、1995 年に行なわれたマダガスカル南西部の古老からの聞き取り調査では、そのうちの 1 種は 20 世紀初頭までその地域で生息していた可能性があるという [97]。聞き取り調査の際、マダガスカルから一歩も出たことのない古老が、その動物の鳴き声をまねたが、それがアフリカのカバとそっくりであったという。ただし、およそ 1000 年前のマダガスカルコビ

第4章　マダガスカル哺乳類の起源

トカバの半化石は見つかっているものの、それよりも新しいものは見つかっていないことから、彼らが実際にいつ頃絶滅したかは、謎である。

カバはクジラ類の姉妹群だが、5500万年以上前に生きていた両者の共通祖先がすでに水生適応していたとは考えにくい。カバはクジラのように泳ぐことに適応した体型をしていないし、野生のカバが水中にいる時も、浅瀬でじっとしていることが多い。水中を移

▲図4-25　動物園の水槽のなかで軽快な動きを見せるカバ *Hippopotamus amphibius* （旭山動物園にて）

動する場合も、たいていは泳ぐというよりは河底を歩くという感じである(98)。動物園のカバは水槽の中で意外と軽快な動きをすることがあるが、この場合も泳ぐというよりは足で水底を蹴って飛び跳ねているのだ（図4-25）。しかしながら海を泳ぐカバが目撃されたこともあるので、マダガスカルコビトカバの祖先はアフリカからマダガスカルまで泳いで渡ったのかもしれない。マダガスカルコビトカバの複数種の共通祖先がアフリカから渡ってきたあとで、種分化したものか、あるいは複数回の移住があったのかも興味ある問題である。将来絶滅したマダガスカルコビトカバのDNA解析ができれば、アフリカのカバのDNAと比較することによって、そのような疑問に答えることができるであろう。マダガスカルコビトカバの半化石はマダガスカル全域で見つかっている（図4-26）。

マダガスカルの絶滅哺乳類のなかでマダガスカルツチブタは最も謎の多いものである。マダガスカルツチブタの半化石もマダガスカルの様々な地域で見つかっている（図4-26）。「マダガスカルツチブタ」という名前は、口絵2の真獣類系統樹に出てきた、アフリカに生息するツチブタ（アフリカ獣類・管歯目）に似ているためにつけられた。マダガスカルツチブタの属名は *Plesiorycteropus* であるが、*plesio* は「近い」、*Orycteropus* はツチブタの属名であり、文字通り「ツチブタに近い」という意味である。体重6

▲図 4-26 マダガスカルでいくつかの絶滅動物の半化石（右下の表）が見つかる場所を示す地図（左図）（文献 (99) のデータを基に作成）「sp.」を記した欄は、種名が不明であることを示す．右上の 1～12 の列挙は、地図に示す発見地の現地名のアルファベット綴り．

～18 kg と推定されるが、アフリカのツチブタは体重 60 kg 程度で、マダガスカルツチブタはこれに比べると小さい。ツチブタは、前足で蟻塚を壊したり地面を掘り返したりして、シロアリやアリを食べる。マダガスカルツチブタもツチブタと同様にそのような生活に適応した体形をしている。しかし、マダガスカルツチブタにはアフリカのツチブタとは違った形態的な特徴もあり、1990 年代頃からはビビマラガシ目 Bibymalagasia という独自の目に分類されるようになってきた[100]。

ところが、2013 年になって分子系統学から新たな展開が生じた[101]。イギリスのマンチェスター・バイオテクノロジー研究所のマイケル・バクレー Michael Buckley は、マダガスカルツチブタの DNA を解析することはできなかったが、その代わりにコラーゲンというたんぱく質のアミノ酸配列を解析することに成功した。DNA よりもコラーゲンのようなたんぱく質のほうが、残りやすいのである。本物かどうかまだ確定的なことはいえないが、恐竜のコラーゲンの解析によって、恐竜が鳥に近いことが示されている[102]。6600 万年前に絶滅した恐竜の DNA を解析することは不可能だと

第4章 マダガスカル哺乳類の起源

考えられているが、たんぱく質のコラーゲンならば可能性があるのだ。

恐竜のように古いものはここでは措いておくとして、バクレーは比較的最近、絶滅したマダガスカルツチブタのコラーゲンのアミノ酸配列を解析し、それがアフリカのツチブタよりも、マダガスカルのテンレック亜科に近いことを示したのである。先に、ミズテンレックも含めてマダガスカルの多様なテンレックは単系統のグループとしてまとまること、その姉妹群がアフリカのポタモガーレであることを述べた。バクレーはポタモガーレとの比較をしていないので、まだ詳細は不明だが、もしもマダガスカルツチブタがポタモガーレよりもマダガスカルのテンレックに近縁であることになれば、最初にマダガスカルにやってきたテンレック亜科の祖先から、マダガスカルツチブタも含めた多様なテンレック類が進化したことになる。

■ジェントルキツネザルの解毒能力進化

マダガスカルの哺乳類に関する話題の最後に、キツネザルをもう一

▲図4-27 ハイイロジェントルキツネザル *Hapalemur griseus*（アンジュズルベにて）

度取り上げてみよう。キツネザルの仲間に、ジェントルキツネザル属 *Hapalemur* がある。英語で bamboo lemur とも呼ばれるが、これは彼らがもっぱらタケを食べていることによる。ジェントルキツネザル属のなかで最も分布の広いのがハイイロジェントルキツネザル *Hapalemur griseus*（図4-27）であるが、この属にはほかに 4 種が記載されている[82]。マダガスカルにはタケの固有種が多く、およそ 32 種が記載されているが、ジェントルキツネザル属のサルたちはこれらのタケを主食にしている。タケを食べる哺乳類はそれほど多くなく、中国のジャイアントパンダやレッサーパンダがよく知られているが、マダガスカルのジェントルキツネザルはパンダに相当する生態的な役割を果たしているといえる。

ハイイロジェントルキツネザルと同じ地域に生息するものに、1986 年に新種として発見されたキンイロジェントルキツネザル *Hapalemur aureus* がいる（図 4-28）[103]。どちらも *Cathariostachys madagascariensis* というモウソウチクのように太い、マダガスカル固有のタケを主食としている。なぜ同じタケを食べるジェントルキツネザルが同じ地域に共存できるのだろうか。そこには面白い理由が隠されていた。

キンイロジェントルキツネザルはこのタケの葉の付け根、つまり葉柄やタケノコを主に食べるのに対して、ハイイロジェントルキツネザルは葉など別の部分を食べる[104, 80]。実は同じ地域に同じタケを食べるヒロバナジェントルキツネザル *Prolemur simus* という別属のジェントルキツネザルもいる。以前は *Hapalemur* 属に分類されていたが、ほかのジェントルキツネザルにくらべてからだが大きく、*Prolemur* という別

▲図4-28　キンイロジェントルキツネザル *Hapalemur aureus*（ラヌマファナにて；©Andy Shedlock）

属に分類されるようになったものである。こちらは主にタケの固い茎を食べる。

　キンイロジェントルキツネザルが食べるタケノコや葉柄には、猛毒のシアン化物が多量に含まれるので、命にかかわるのである。ところがこのサルはそれを解毒する仕組みを進化させて、ほかのジェントルキツネザルが食べることのできないものを食べるようになったのだ[80, 104, 105]。キンイロジェントルキツネザルがどのような仕組みで猛毒のシアン化物を解毒しているのかは明らかではないが、彼らは非常に大きな腸をもっていて、腸の内壁には多くのふくらみがあり、そのなかにバクテリアが生息しているという。これがシアン化物の解毒に関与しているらしい。

　キンイロジェントルキツネザルはこのように別種のハイイロジェントルキツネザルと同所的に生きている。地理的隔離などによって種分化が起こることはよく知られている。1つの種の生息地が川や海などで分断され、2つの集団の間の遺伝的な交流が途絶えた結果、遺伝的な違いが次第に大きくなって、再び2つの集団が出会うようなことになっても、もはや交配が不可能になってしまっているというような状況である。異なる種のジェントルキツネザルが同じ地域で生きているという事実は、地理的な隔離で種分化したあとで障壁が取り除かれたためというよりは、最初から地理的な隔離なしで種分化が起こった、つまり同所的種分化の結果だと考えられる。

　キンイロジェントルキツネザルは、もともと葉柄やタケノコなどシアン化物を含むタケの部分を食べることのできないジェントルキツネザルから進化したと考えられる。葉柄やタケノコなどを食べることのできないジェントルキツネザルの集団のなかで、シアン化物を解毒できる能力をもった小集団が現れたと考えてみよう。

　この新しいタイプのサルは、ほかのサルが食べられない部分を独占的に食べられるようになったので生存する上で有利だった。ところが、そのようなものを食べることのできない古いタイプのサルと同じ地域にいたために、交雑が繰り返されて、新しい種が確立するのは難しそうに思われる。

111

確かに最初のうちは交雑がしょっちゅう起こったであろうが、そこで生まれた雑種個体の適応度は低かったであろう。雑種個体には毒をもったタケの部分を食べようとする習性があるのに、雑種であるために解毒能力が低いなどといったことがあっただろう。このようなことが2つの集団の間の隔離を促進し、同所的な種分化を引き起こしたものと考えられる。

　キンイロジェントルキツネザルとシアン化物の話はこれで終わりではない。マダガスカルにはジェントルキツネザルの糞を餌にしているフンコロガシ（甲虫目）がいる。フンコロガシは植物食動物の糞をボール状にして、そこに卵を産み、生まれてくる幼虫は糞を食べて育つ。ところがそのなかでキンイロジェントルキツネザルの糞を専門に食べるフンコロガシが進化しているという[105]。この糞にはシアン化物が含まれるので、解毒能力を獲得することがこれを利用するためには必須である。タケのシアン化物が含まれる部分を食べることができなかったジェントルキツネザルからキンイロジェントルキツネザルが進化したのと同じようなことが、フンコロガシでも起こったのである。

　アフリカなどのフンコロガシは、ウシ科の大型草食獣の糞を食べるものが多い。ところがマダガスカルには絶滅したコビトカバ以外の草食獣の主役はキツネザルの仲間である。特に絶滅した大型のキツネザルの存在は、フンコロガシの進化にとって重要だったと思われる。マダガスカルにおけるキツネザルの種分化にあわせて、フンコロガシが進化してきたことをうかがわせる研究がある[106]。

第5章　象鳥の起源

■象鳥とは

およそ2300年前にマダガスカルに最初にヒトが到達した頃には、この島にはエピオルニス科の巨大な飛べない鳥が生息していた。エピオルニスの最大の種 *Aepyornis maximus* は、頭頂高3 m以上、体重400 kg以上もあり、これまで出現した鳥類のなかで最大の体重をもっていた。この最大の種は、マダガスカルの南西部から南部にかけて分布していた（図4-26）。*Aepyornis* とはギリシャ語で tall bird という意味だ

▲図5-1　最大の象鳥エピオルニス・マキシマス *Aepyornis maximus* の卵　（向かって一番右）
隣が右から順番にダチョウ，エミュー，ニワトリの卵．エピオルニス・マキシマスの卵は、巨大な恐竜の卵よりも大きかった．

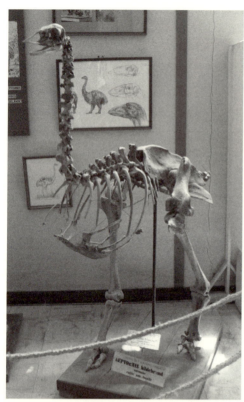
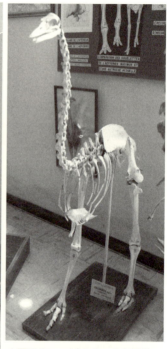

▲図 5-2a　エピオルニス・ヒルデブランド *Aepyornis hildebrand*（マダガスカル科学アカデミー博物館所蔵）　背丈は最大種エピオルニス・マキシマス *Aepyornis maximus* の 2 / 3 ほどで，マダガスカルの中央高地に分布していた（図 4-26）．

▲図 5-2b　エピオルニスと同じエピオルニス科に属するが，より小型のムレロルニス・アジリス *Mullerornis agilis*（マダガスカル科学アカデミー博物館所蔵）　背丈はエピオルニス・マキシマスの半分ほど．マダガスカルの南西部から中央高地にかけて分布していた（図 4-26）．

が，頭頂高に関してはあとで紹介するニュージーランドの絶滅鳥モアのほうが高かった．しかし体重ではエピオルニスのほうがはるかに重かったのである．また彼らの産む卵は，長径およそ 32 cm，短径 24 cm，卵殻の厚さ 3 〜 4 mm，その容積は約 9 リットルという巨大なものであった[107, 108]．これはどんなに巨大な恐竜の卵よりも大きかった（図 5-1）．このような大きさのため，エピオルニス科の鳥は象鳥とも呼ばれる．『千夜一夜物語』に出てくる巨大なロック鳥の話は，この象鳥がモデルだった

第 5 章　象鳥の起源

▲図 5-3a　ヒトの左足の形をしているマダガスカル島の、踵(かかと)の先に相当する南端のフォーカップ（図 1-2）の海岸では、今でもこのように象鳥の卵殻がたくさん散らばっているのが見られる　ここはエピオルニスの繁殖期における集団営巣地だったと考えられる．図 5-1 のエピオルニスの卵はこのような卵殻をジグゾーパズルのように組み合わせて作り上げたものであるが、ときには割れていない完全な卵が見つかることもある．

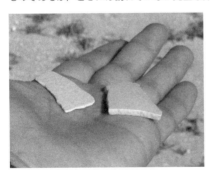

◀図 5-3b　フォーカップで見つかる象鳥の卵殻　この写真のように厚い殻と薄い殻があり、ここでは少なくとも 2 種類以上の象鳥が共存していたことをうかがわせる．厚い殻はエピオルニス・マキシマス．薄い殻はムレロルニスのものと思われる．

ともいわれている。当時マダガスカルと交易していたアラビアの商人が巨大な鳥のうわさを伝えたのかもしれない。

マダガスカルに生息したエピオルニス科にはエピオルニス属 *Aepyornis*（**図 5-2a**）とムレロルニス属 *Mullerornis*（**図 5-2b**）の 2 属が含まれる。エピオルニスの卵殻はたくさん見つかっているが（**口絵 10、図 5-3a、-3b**）、炭素 14 を用いた年代測定によると最も新しいものはおよそ 1100 年前とされている[16, 109]。どこまで信頼できるか不明ではあるが、およそ 740 年前という測定結果の出たエピオルニスの卵殻さえもある[110]。いずれにしても、マダガスカルでヒトの定住が始まった時代までは、確かにエピオルニスは生息していたのである。しかし、エピオルニスの骨や卵殻が採取された地域にヒトの定住を示す痕跡は見つかっていないので、象鳥の絶滅にヒトが関わっていたのかどうかについての真相は闇に包まれている。

ニュージーランドでも、8 世紀に最初にヒトが到達した頃には、モアという巨大な走鳥類が生息していた。最大のモアは頭頂高 3 m 以上、体重 230 kg ほどであった。彼らは過去 500 年の間に絶滅したと考えられる。モアのミイラ化した軟組織や羽根も見つかっている。絶滅した生物の DNA

▲図 5-4　現生の鳥のなかで最大のダチョウ *Struthio camelus*　手前にいるのは雌であるが、雌の頭頂高は 175~190 cm、体重 90~110 kg、雄の頭頂高は 210~275 cm、体重 100~130 kg. 象鳥のなかの最大種エピオルニス・マキシマスは、頭頂高 300 cm 以上、体重 400 kg 以上というから、いかに大きかったかが想像できよう．

を解析する古代 DNA 研究により、これらの巨大な鳥がどんな進化の歴史をたどって生まれたかが次第に明らかになってきた。ダチョウ、レア、エミュー、ヒクイドリ、キーウィ、モアなど走鳥類全体の進化のなかで、マダガスカルの象鳥やニュージーランドのモアなどの巨鳥がどう進化してきたかを見ていこう。

■ **走鳥類 ── 飛べない鳥のグループ**

鳥類がほかの脊椎動物と区別される一番の特徴は、彼らの飛翔能力である。ところがダチョウ(**図 5-4**)、レア、エミュー、ヒクイドリ、キーウィなどは、一般の鳥類のもつ最大の特徴であるこの飛翔能力をもたない鳥である。これらの鳥は走鳥類と呼ばれるが、形態的な特徴としては、胸骨に大きな竜骨突起をもたないことが挙げられる。一般の飛ぶ鳥では、翼を羽ばたかせるのに使う胸筋を支えるために竜骨突起があるが、走鳥類ではそのような突起がない。そのため走鳥類は平胸類とも呼ばれる。

この走鳥類の親戚に南アメリカに生息する体長が 15 cm から 50 cm のシギダチョウがいる(**図 5-5**)。シギダチョウ類はおよそ 50 の種を含むが、彼らは飛ぶことができ、飛ぶための胸筋がついた竜骨突起をもつ。走鳥類とシギダチョウ類をあわせて古顎類というが、これは口蓋の特徴からつけられた名前で、これ以外の現生の全ての鳥類が新顎類である。

新顎類はおよそ 1 万種を擁する大きなグループであるが、一方の古顎類は 100 種にも満たない小さなグループであり、この種数の大半はシギダチョウが占める。シギダチョウ類は古顎類のなかで唯一飛べる鳥であり、形態的にも独特なので、古顎類を走鳥類とシギダチョウ類の 2 つのグループに分類することは、系統を反映しているものと考えられてきた。

ところが、2008 年にアメリカのジョン・ハーシュマン John Harshman らが行った分子系統解析によると、古顎類のなかで最初にほかから分かれたのはダチョウであり、シギダチョウは系統的には走鳥類のなかに入ってしまうことが示された[111]。つまり走鳥類は系統的にまとまったグループで

はないということである。

　古顎類の現在の分布をみると、ダチョウはアフリカ、レアとシギダチョウは南アメリカ、エミューはオーストラリア、ヒクイドリはオーストラリアとニューギニア、キーウィはニュージーランドである。また1万年前以降の完新世になってから絶滅したモアはニュージーランド、エピオルニスはマダガスカルである。

　このように、現生種と最近になって絶滅した古顎類はすべて、ゴンドワナ超大陸由来の大陸や島に分布している。このことから、古顎類はもともと白亜紀にゴンドワナ超大陸で進化し、超大陸の分断に合わせて種分化してきたものではないか、という考えがかつては一般的であった。

　一方、化石種としては6200万〜4000万年前のリトルニスという古顎類がユーラシアと北アメリカで見つかっている。この鳥はシギダチョウのよ

▲図5-5　カンムリシギダチョウ *Eudromia elegans*（シギダチョウ科 *Tinamidae*）　シギダチョウ科は南アメリカに分布し，古顎類のなかでは唯一，竜骨突起をもち，胸筋が発達した飛べる鳥である．

うに小さな飛べる鳥だった。リトルニスは形態からシギダチョウと近縁であると考えられてきたが、シギダチョウの系統的な位置が見直されたこともあり、リトルニスが古顎類進化のどこに位置づけられるかは不明だった。

古顎類進化の詳細を明らかにするためには、現生種と化石種の間の系統関係の解明と、進化の時間スケールを知ることが必要である。

進化の時間スケールで重要なのは、種分化が大陸分断の時期と一致するかどうかということである。これらの問題を解決する第一歩は、古顎類のなかで可能な限り幅広い種の DNA 解析を行なって、分岐の順番と分岐した年代を明らかにすることである。

■**象鳥 DNA の初期の解析**

はじめて象鳥の DNA 解析を行なったのは、イギリス・オックスフォード大学のアラン・クーパー Alan Cooper のグループであった[112]。クーパーは、筆者が 1987 年にアメリカ・カリフォルニア大学バークレー校のアラン・ウィルソン Allan Wilson（1934-1991）を訪ねたときに、そこの大学院生だった。ウィルソンは分子進化学の分野では当時最先端のグループを率いていたが、白血病のためその数年後に 50 代の若さで亡くなった。絶滅生物の DNA を研究する古代 DNA 解析は、ウィルソンの研究室が始めたものである。

2001 年に発表されたアラン・クーパーらの研究成果の主要な部分は、ニュージーランドの絶滅走鳥類モア科 2 種の骨からミトコンドリア・ゲノムのほぼ全塩基配列を決定したということであるが、彼らは同時にマダガスカルのエピオルニス科象鳥のムレロルニスの骨からの DNA 配列決定も試みた。ところが寒冷なニュージーランドで保存されていたモアの骨からは、およそ 1 万 6000 塩基のミトコンドリア・ゲノムのほぼ全ての塩基配列を決定できたが、マダガスカルの高温多湿な環境で保存されていたムレロルニスの骨からは、わずか 1000 塩基程度の配列しか決定できなかった。

そのため、彼らの研究からは象鳥の進化的な位置づけははっきりしなかったのである。

象鳥の絶滅は今から2000年前以降であり、クーパーらの使った試料も2000年前程度のものと思われ、古代DNA解析の対象としては比較的新しいものであったが、マダガスカルの環境ではDNAの劣化が速く進んでいたのである。

クーパーらは、走鳥類が進化的に1つのグループを作っていると仮定し、ニワトリとシギダチョウを走鳥類の外群として全ての解析を行なっているが、先に述べたように2008年になるとこの仮定が間違っていて、シギダチョウが走鳥類の内部系統に入る可能性が高いことが明らかになってきた。また、シギダチョウのミトコンドリアDNAの進化速度が走鳥類にくらべて高いため、第2章の図2-19で説明したような長枝誘引が起こり、彼らの系統樹は無根系統樹としても間違っていたのだ。

このような状況下でわれわれの象鳥DNAプロジェクトはスタートした。

■ 象鳥会議

2001年にアラン・クーパーらがモアのミトコンドリア・ゲノム論文を発表した少しあとの2003年に、日本で象鳥会議、正式には「象鳥の総合的研究チーム」が発足した。これは山階鳥類研究所総裁である秋篠宮文仁親王殿下が中心となられて立ち上げられたもので、マダガスカルの

▲図5-6　2003年11月マダガスカル調査における宝来聰さん（ベレンティにて）手にしているのはハリテンレック Setifer setosus. 翌年の8月、50歳代の若さで急逝された. この写真は朝日新聞に掲載された宝来さんの追悼記事に使われたものである.

象鳥をさまざまな面から研究していこうという研究組織である。進化・生態など象鳥の生物学的研究だけではなく、文化人類学者による象鳥のヒトとの関わりも研究対象に加えられている。これは秋篠宮殿下の幅広いご関心を反映したものである。象鳥に関するものであれば、あらゆるものを研究対象に含めようというスタンスである。私もメンバーの一人としてこのグループに参加していた。

この研究組織の重要な柱の1つが古代 DNA 研究班であったが、発足当時この班の中心は総合研究大学院大学（総研大）の宝来聰さんであった（図 5-6）。宝来さんは、1989 年という早い時期に、6000 年前の縄文人の頭骨から得られたミトコンドリア DNA 断片の解析に最初に成功したひとで、当時古代 DNA 研究の第一人者であった。彼自身 2004 年に象鳥の卵殻からの DNA 抽出を試みたことがあったが、その当時の技術ではうまくいかなかった。その後間もないその年の 8 月、まだ 50 歳代の若さで急逝されてしまった。その後の古代 DNA 研究の目覚ましい発展を見ることなく逝かれた無念さは、察するに余りある。図 5-6 の写真は 2003 年の 11 月に筆者と一緒にマダガスカル調査に出掛けたときのものであるが、翌年の 8 月に急逝されたのである。

その後、象鳥会議のプロジェクトとして、象鳥の骨から DNA を抽出する試みが始まった。

2007 年から 2008 年にかけて九州大学の小池裕子さんらがマダガスカルに行き、アンタナナリブ大学に所蔵してある象鳥のふ蹠骨（中足骨）から DNA を抽出するための試料を採集して日本に持ち帰られた（図 5-7）。小池研究室の西田伸さんがそれから DNA を抽出した。ムレロルニスとともにエピオルニスの配列決定をしたものの、象鳥の系統的位置をはっきりと示すことができるほどの長い配列の決定はなかなかできなかった。それでもおもしろいことに、エピオルニスに一番近い走鳥類がキーウィであることが示唆された。このことは、あとでまた取り上げることになる。

2010 年代に入ると、古代 DNA 研究にブレークスルーが起こった。デンマーク・コペンハーゲン大学のエシュケ・ウィラースレフ Eske Willerslev

らは70万年前のウマの化石からのDNA解析に成功したのだ[113]。

古代DNA研究の対象としては、それ以前は数万年前までのものしか扱えなかったのが、一挙に10倍も古いものまで扱えるようになったのだ。この頃になると、次世代シークエンサーが出現し、古代DNA研究にも使われるようになってきた。

古い試料からDNAの解析をする際には、目的とする生物のDNAだけではなく、環境中のバクテリアやカビ、その試料を扱ったひとのDNAなどがコンタミネーション（試料汚染：コンタミ）として含まれる。次世代シークエンサーは配列決定の効率がよいので、そのようなコンタミも含めて全て配列決定してしまい、そのあとでバイオインフォーマティックスの技術を使って目的の配列を選びだそうというやりかたである。

古代DNA解析の際のもうひと1つの問題は、その生物が生きていたときのDNAがそのままの状態で残っているのではなく、短い断片に分解されてしまっているということである。次世代シークエンサーを使えば、そ

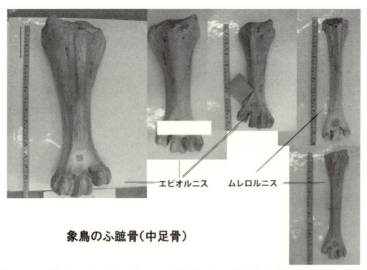

象鳥のふ蹠骨（中足骨）

▲図5-7 エピオルニスとムレロルニスのふ蹠骨（アンタナナリブ大学；九州大学の小池裕子さん撮影） 小池裕子さんが古代DNA解析のための試料を採取された象鳥のふ蹠骨．下のほうにあけた四角形の穴から試料を採取した．骨の表面近くにはコンタミ（試料汚染）が多いので，このように穴をあけて，内部から採取した．

第 5 章　象鳥の起源

のように細かく断片化された DNA の塩基配列を決定して、それをコンピューター上でつなぎ合わせることができる。
　私は 2007 年に定年を迎えるまでは東京の南麻布にあった統計数理研究所（統数研）に勤めていたが、私の定年後、研究所は立川に移転していた。移転した新しい場所では、国立極地研究所（極地研）が同じ建物に入っていた。統数研と極地研はどちらも大学共同利用機関であるが、2004 年の機構改革に伴って、情報・システム研究機構という同じ機構に入っていたのである。
　私は、定年後は上海の復旦大学に籍を置いていたが、日本にいるときは時々立川の統計数理研究所に行っていた。極地研に思いがけない人物がいたのである。瀬川高弘さん（現・山梨大学）で、デンマークのエシュケ・ウィラースレフさんの研究室で最先端の古代 DNA 解析の技術を学んできたひとである。復旦大の私の研究室の米澤隆弘君が瀬川さんと組んで、小池さんたちが採取してきた象鳥のサンプルを使って古代 DNA 解析に挑戦することになった。実験は極地研の瀬川さんの実験室で行なわれた。
　このプロジェクトを成功させるためには、もう 1 つ別の能力をもった人物の助けが必要であった。それは次世代シークエンサーが生み出す膨大な量の配列データのなかから、象鳥の DNA を選び出す能力である。そのような人物が東京工業大学の森宙史さん（現・国立遺伝学研究所）であった。結果的には、この米澤・瀬川・森のコンビは大成功であった。デンマークのエシュケ・ウィラースレフさんの協力も得られた（図 5-8）。
　2013 年の後半から始まったこの新たなプロジェクトは、瞬く間に成果を産み、2014 年のはじめにはエピオルニス・マキシマス *Aepyornis maximus* とムレロルニス *Mullerornis* sp. の象鳥 2 種のミトコンドリア・ゲノムのほぼ全塩基配列が決定された。この成功には瀬川さんの技術の高さが重要であったが、森さんのバイオインフォーマティックスの技術も不可欠であった。次世代シークエンサーによって片っ端から配列決定されたデータのなかで、象鳥由来と考えられる配列は、一番条件のよいサンプルでさえも全体のわずか 0.1 ％に過ぎないのである。つまり 99.9 ％はコ

123

▲図 5-8　象鳥古代 DNA プロジェクトに関わった人たち　（2015 年 7 月，進化学研究所にて）　前列：右からエシュケ・ウィラースレフ Eske Willerslev と筆者．後列：右から米澤隆弘君，瀬川高弘さん，森宙史さん．手前はエピオルニスの卵殻を集めて再構成した卵．

ンタミであり、膨大なごみの山から宝物を探しだすバイオインフォーマティックスの技術は必須であった。系統的にどのあたりに位置づけられるかが全く未知の生物には、この技術は使えない。象鳥は古顎類であることが分かっているので、古顎類の現生種であるダチョウ、レア、エミュー、キーウィなどの配列と似たものを象鳥の配列の候補として選び出すのである。従ってこれらの鳥の DNA がコンタミとして紛れ込むことを防ぐため、瀬川さんの古代 DNA 解析のための特別な実験室では現生種を扱った実験は行わないという配慮もなされている。

■象鳥に一番近いのはキーウィ

　われわれが決定した象鳥 2 種のミトコンドリア DNA 全塩基配列データに、2001 年のアラン・クーパーらによるモア 2 種のデータを含めてそれまでにデータベースに登録されていた古顎類のデータを加えて系統解析を

第 5 章　象鳥の起源

▲図 5-9　コマダラキーウィ *Apteryx owenii*（エジンバラのスコットランド王立博物館所蔵）　キーウィはこのようにからだの割に大きな卵を産む.

行なった結果、おもしろいことが分かった。巨大な象鳥に一番近いのは、なんと走鳥類のなかで最小のニュージーランドのキーウィだった。このことは、以前西田伸さんと小池裕子さんが短い配列データから最初に示した結果と一致したのだ。

　従来は、キーウィに一番近いのは同じニュージーランドのモアであると考えられていたが、2010 年代に入ると分子系統学から、シギダチョウがモアに一番近いことが明らかになってきた。象鳥とモアという巨大な鳥に一番近い親戚が、それぞれキーウィ、シギダチョウという小さな鳥であるとは驚きであった。進化の過程でからだの巨大化はいろいろな系統で独立に何度も繰り返し起こっていたのである。しかもそれぞれの一番近い親戚はまったく離れた地域に生息しているのだ。どのようにしてこのような地理的分布になったのであろうか。多くの疑問がわいてきた。

　キーウィは図 5-9 の写真からも明らかなように、からだの大きさの割に非常に大きな卵を産む。コマダラキーウィ *Apteryx owenii* の卵は雌の体重の 4 分の 1 に近い重さである。このように大きな卵なので、コマダラキー

125

▲図 5-10　エピオルニス・マキシマスの骨格標本と卵（2008 年 10 月チンバザザ動植物公園のなかにあるマダガスカル科学アカデミー博物館にて）　エピオルニス科のなかで最大の種．そばに立っているのは，東京大学総合博物館の遠藤秀紀さん．

第 5 章　象鳥の起源

ウィの雌は通常 1 個の卵しか産まないが、2 個産むこともあるという。その場合は、最初の卵を産んでから 2 ～ 3 週間後に 2 番目の卵を産むのだという[114]。餌が豊富に得られる場合にそのようなことが起こるのであろう。雄は雌にくらべてからだは小さく、卵を抱くのはもっぱら雄のほうである。

　実は、象鳥の巨大な卵も、その巨大なからだの割からしても大きいのである。図 5-10 に最大の象鳥エピオルニス・マキシマスの骨格標本とともに、卵が写っているが、この大きさの卵を 2 個おなかに入れるのは難しそうである。

　口絵 7 の系統樹曼荼羅にあるエピオルニスの絵は、マダガスカル南部のベレンティ私設保護区にあるアレンベル博物館に展示されているものであるが、1 つの巣に 2 個の卵が描かれている。しかし、実際には普通 1 個しか産まなかったと思われる。2 個抱卵していたとしたら、コマダラキーウィのように、2 番目の卵は間をおいて産んだのであろう。

　キーウィと象鳥が共通してからだの割に大きな卵を産むことに最初に気づいたのは、東大総合博物館の遠藤秀紀さん（図 5-10）で、このことは 2012 年に象鳥会議の成果として論文として発表されている[115]。しかし、キーウィと象鳥の間のこの共通の形質が、進化的な近縁性を反映するものだとは当時はだれも考えなかった。

　ダチョウではオスのほうがメスよりもからだが大きいが、キーウィではメスのほうがオスよりも 2 割程度からだが大きいという。一般に動物界全体では子供（卵）を産むメスのほうがオスよりもからだが大きくなる傾向があるが、メスをめぐるオス同士の競争の効果でオスの方が大きくなることもある。特に哺乳類ではその傾向が強く、ハーレムをつくる動物ではさらにこれが顕著である。キーウィほど大きな卵を産む鳥では、メスのからだが特に大きくなっていることはうなずける。同じように大きな卵を産む象鳥で雌雄のからだの大きさの違いがどうなっているかは、興味のある問題である。将来、象鳥の性染色体遺伝子の解析ができれば、この問題に対する手掛かりが得られるだろう。

　図 5-11 は鳥類全体で見られるメスの体重と卵の重さの相関関係を示し

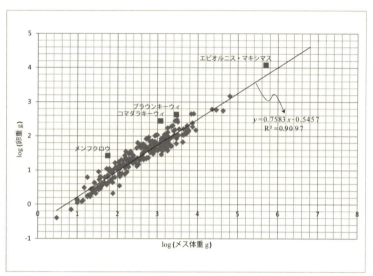

▲図 5-11　鳥類における雌の体重（単位 g）の対数と卵の重さ（単位 g）の対数の間の相関関係　Dyke and Kaiser（2010）[116] のデータにエピオルニスを加えて描いた．エピオルニスのメスの体重は 450 kg，卵の重さは 12 kg とした．

◀図 5-12　メンフクロウ（*Tyto alba*）　キーウィ，エピオルニスとともに，鳥類のなかで体重の割に異常に大きな卵を産む．

ている。メスの体重が重いほど卵が重くなる傾向があるのは当然であるが、メスの体重（単位 g）の対数と卵の重さ（単位 g）の対数をプロットすると、このようにきれいな直線関係が得られるのだ。ところが、キーウィ（ブラウンキーウィ *Apteryx australis* とコマダラキーウィ *A. owenii*）とエピオルニスはこの直線よりもはっきりと上のほうに外れている。つまり体重の割に産む卵が重いのである。もう 1 つ直線から外れているプロット

128

第 5 章　象鳥の起源

▲図 5-13　2014 年 4 月 21 日に統計数理研究所で開かれた象鳥会議のメンバー　前列中央の秋篠宮文仁殿下をはさみ向かって右が樋口知之・統計数理研究所所長．左が北川源四郎・情報・システム研究機構長（当時），さらにその左隣が本吉洋一・極地研究所副所長で，この 3 人はオブザーバーとして出席していただいた．前列左端が象鳥試料の採取をされた小池裕子さん．

があるが、それはメンフクロウ *Tyto alba* である（図 5-12）。キーウィとエピオルニスとは近い親戚であることが明らかになったので、異常に大きな卵を産む形質は共通祖先の段階で進化した可能性が高い。一方、系統的に遠く離れたメンフクロウでもそのような形質が見られるのは、何か生態的に共通の要因が働いているのか、興味のある問題である。

　図 5-11 で横軸が 4 〜 5 の間（つまり体重 10 kg 〜 100 kg）の 4 つのプロットはすべて走鳥類で、小さい順にレア、ヒクイドリ、エミュー、ダチョウである。これらのなかで、エミューのプロットは直線よりもはっきりと下方に外れている。つまり、エミューの卵は体重の割に小さいのである。同じオーストラリアに生息するヒクイドリは森林性なのに対し、エミューは乾燥地帯に住む。1 羽のメスは 1 つの繁殖期に 10 〜 30 個の卵を産むが、産卵前の餌の量によって変動するという。餌が豊富な年にはたくさんの卵を産むのである。オーストラリアの乾燥地では、年ごとに入手可能な餌の量が大きく変動する。エミューは小さな卵を産むことによって、状況にあわせて卵の数を調節し、生き残れる子供の数を最適化

しているように思われる。

■論文発表で先を越される

象鳥の系統的位置についてミトコンドリア・ゲノム解析からおもしろい結果が得られたので、2014年4月21日に象鳥会議のメンバーに立川の統計数理研究所に集まっていただき、そこで結果を報告した（図5-13）。さっそく論文としてまとめようということになった。こうして論文作成にとりかかっている矢先の5月23日、別の研究グループによってアメリカの科学雑誌 Science に、象鳥のミトコンドリア・ゲノム論文が発表されてしまった。先を越されてしまったのである[117]。発表したのは2001年にモアのミトコンドリア・ゲノム論文を発表したあのアラン・クーパーたちであった。アランはその後、オックスフォード大学からオーストラリアのアデレード大学に移って新しい研究グループを率いていた。

クーパーたちの論文でも、キーウィが象鳥に近縁だということが強調されていた。

科学の世界では発表に1日でもほかの研究者に後れをとったら、成果は認めてもらえないのである。彼らの論文の日付をみると2月には原稿が投稿されていたようなので、まだ原稿作成中のわれわれの完敗である。

■象鳥の古代 DNA 解析の第2ラウンド

このような困難な状況下で、このプロジェクトの中心人物である米澤、瀬川、森の3人と、今後どうすべきかを話し合った。その結果、次のような方向が浮かび上がってきた。

クーパーたちの論文では、ミトコンドリア・ゲノム以外に核の遺伝子についても少し解析が行なわれていたが、核のデータが少ないため、枝分かれの順番以外にはあまり多くのことは明らかになっていなかった。

古顎類の進化の詳細を明らかにするためには、枝分かれの順番以外に、

枝分かれが起こった年代を知ることが不可欠であるが、ミトコンドリア・ゲノムと少しの核遺伝子データだけでは、安定した年代推定ができない。年代を推定するためには、あらかじめいろいろなことを仮定しなければならないが、それらの仮定が必ずしも正しいことが保障されているとは限らない。どちらが正しいかが分からない状況で、仮定を変えると結果が大幅に変わってしまうようでは、どちらの結果を信用すべきか判断に困る。従って、仮定にあまり依存しないような年代推定が得られることが望ましいわけである。このことを「頑健な推定」という。

クーパーらの年代推定は、仮定を変えると結果が大幅に変わってしま

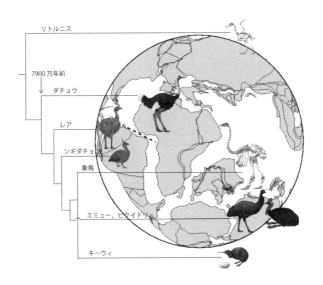

▲図 5-14　1 億 500 万年前の大陸配置と古顎類の系統樹　この時期に破線が示すようにアフリカとゴンドワナ由来の他の大陸とは分裂した．その後，分裂はさらに進み，大陸間の距離は離れていく．古顎類がもともとゴンドワナ超大陸で進化し，大陸の分断とともに種分化を繰り返してきたのだとすると，ダチョウがその他の古顎類と分かれたのがアフリカとゴンドワナ由来の他の大陸が分かれた年代と一致することが予想される．ところが，われわれの推定ではこの分岐年代は 7900 万年前と大陸の分断よりもはるかに若くなる．さらに，かつてはダチョウがユーラシアにも分布していたことと（図 5-16），形態データの解析から，新生代初期にユーラシアや北アメリカに分布していたリトルニスが古顎類進化の最初期に他から分岐したことが明らかになったことを併せると，古顎類の起源は北方の大陸であると考えられる．イラストは小田隆さんによる．

い、到底頑健な推定とはいえないものであった。

　これを改善するためには、データ量を増やすしかない。つまり、核ゲノムの方のデータをもっと大量に集めるべきだということになった。

　次世代シークエンサーによって大量に読まれた配列の中から、森さんに象鳥の核ゲノムの候補になる配列を探し出してもらった。これは大変根気のいる作業であるが、幸いなことにその頃には現生古顎類やモアの核ゲノムデータがデータベース上にかなり蓄積されてきたので、次第にわれわれの象鳥の核ゲノムデータも充実してきた。

　最終的には、エピオルニス・マキシマスのおよそ7万4000塩基、ムレロルニスの3万4000塩基の核ゲノムデータが得られた。

　この核ゲノムデータにミトコンドリア・ゲノムデータを加えて、系統樹解析をした結果、先のミトコンドリア・ゲノムだけの解析やアラン・クーパーらの解析の結果が再現された。核DNAもミトコンドリアDNAと矛盾しない結果を与えるということである。

　一方、分岐年代については、クーパーらの結果とだいぶ違った結果が得られた。しかもクーパーたちの解析では、仮定を少し変えただけで結果が大幅に変わってしまったが、われわれの結果は非常に安定したものであった。また推定の誤差も小さく、結果のあいまいさが少ない。この結果をもとに、ようやく古顎類の進化について新しいシナリオが書けそうになってきた。

■**古顎類進化のシナリオの再検討**

　われわれの解析結果（**口絵7**、**口絵8**）によると、現生の古顎類のなかで最初にほかから分かれたのが、アフリカのダチョウであり、その分岐はおよそ7900万年前と推定された。その後、古顎類の残りのグループのなかで最初に分かれたのが南アメリカのレアで、およそ7000万年前。残りがシギダチョウ＋モアとエミュー＋ヒクイドリ＋キーウィ＋象鳥の2つのグループに分かれたのがおよそ6900万年前と推定された。さらに、

南アメリカのシギダチョウとニュージーランドのモアが分かれたのは5400万年前、残りのグループのなかからオーストラリア走鳥類（エミューとヒクイドリ）が分かれたのが6600万年前、ニュージーランドのキーウィとマダガスカルの象鳥が分かれたのがおよそ6200万年前であった。

アフリカが南アメリカから分断されたのは、およそ1億500万年前だから、ダチョウの分岐はこれよりもはるかに新しく、これをゴンドワナ超大陸の分裂と結びつけることはできない。

ダチョウ以外の古顎類の祖先は、南アメリカ起源と考えられるので、ダチョウの分岐がアフリカと南アメリカの分断と結びつけられれば一番すっきりした説明になるが、われわれの年代推定からはそのような説明は成り立たないのである（**図** 5-14）。

南アメリカは南極経由で少なくとも6600万年前頃まではオーストラリアとつながっていたが、ニュージーランドのモアが南アメリカのシギダチョウと分かれた頃には、ニュージーランドはすでに孤立していた。またマダガスカルの象鳥がニュージーランドのキーウィから分かれた頃には、マダガスカルもニュージーランドもすでに孤立した島であった。このようなことから、今やゴンドワナ超大陸の分断だけで、古顎類の進化を語ることが不可能なのは明らかである。

古顎類進化の全貌を明らかにするためには、化石種を系統樹のどこに位置づけるかが重要である。古顎類がすでに白亜紀の頃から進化していたのは明らかであるが、化石としては非鳥恐竜（鳥類は恐竜のなかから進化したことが明らかになったので、最近では鳥類を恐竜のなかに含めることが多いが、鳥類以外の恐竜を非鳥恐竜という）が絶滅した6600万年前以降の新生代にならないと見つからない。そのなかでも6200万～4000万年前にユーラシアや北アメリカに分布していたリトルニスという古顎類が重要である（**口絵** 8と**図** 5-14の一番上）。リトルニスはシギダチョウ程度の小さな鳥で、竜骨突起をもっていて、飛翔能力があった。

これまでの形態学的な解析からは、リトルニスとシギダチョウの近縁性が示唆されていた。これまで現生の古顎類のなかで最初に分かれたのがシ

ギダチョウだったと考えられていたが、これが間違いであることが分かったのであるから、リトルニスを含めた系統関係を再検討しなければならない。ただし、すでに4000万年も前に絶滅したリトルニスのDNA解析は不可能であるし、一方、形態だけに基づいた系統樹推定は危ういことは明らかである。マダガスカル哺乳類の章で述べたように、見かけ上そっくりなマダガスカルのハリテンレックがハリネズミとまったく違う系統から独立に進化したのである。このような収斂現象は進化のあらゆる場面で見られることであり、そのために形態だけに基づいた系統樹を信用することはできないのである。このようなジレンマのなかで、米澤君がおもしろいことを考えついた。

■北半球にいた絶滅古顎類リトルニスの系統的位置

2011年にピーター・ジョンストン Peter Johnston というニュージーランドの形態学者がリトルニスを含めた古顎類の系統関係についての論文を発表している[118]。彼が独自に集めた形態データから系統樹を推定したとこ

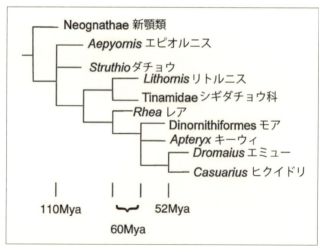

▲図5-15　形態に基づくジョンストンの古顎類系統樹[118]　図中の単位「Mya」は100万年前を意味する.

ろ、**図 5-15** のようなものが得られたというのである。

　古顎類の系統樹の根元からダチョウが出ているところは、われわれの分子系統樹と一致するが、同じところから象鳥も出ている。またリトルニスがシギダチョウと一緒のグループを形成している。ジョンストンによれば、この系統樹は概ねゴンドワナの分断の歴史と一致するというのである。ジョンストンの描いたシナリオは以下のようなものであった。

　アフリカと南アメリカがまだつながっていた時代にそこで進化した古顎類の祖先は、およそ 1 億 1000 万年前（本書では 1 億 500 万年前としているがこの違いは誤差の範囲内）にこの 2 つの大陸が分断したのに伴って、2 つの別々の系統として進化した。マダガスカルはそれよりもはるか昔にアフリカから分かれていたが、アフリカで進化した象鳥の祖先は何らかの手段で海を越えてアフリカからマダガスカルに渡ったものと考えられる。キツネザルやテンレックなどアフリカから海を越えてマダガスカルに渡ったと考えられる動物は存在するので、このような可能性は十分に考えることはできるだろう。

　一方、南アメリカで進化した系統のなかでシギダチョウとリトルニスの分岐が起こった。ジョンストンによると、このリトルニスが北アメリカに移住し、その後ユーラシアにも分布を広げたという。また南アメリカから南極経由でオーストラリアに進出したグループのなかからエミュー、ヒクイドリ、キーウィが進化した。ジョンストンの系統樹を受け入れると、ざっとこのようなシナリオになる。

　しかしこの系統樹はわれわれの分子系統樹とまったく違うものであり、とうてい受け入れることはできない。分岐の順番については、ダチョウが古顎類系統樹の根元から出ていることと、同じオーストラリアのエミューとヒクイドリが姉妹群の関係にあるということ以外はわれわれのものとは全く異なり、分岐年代は話のつじつまが合うように想定したものである。形態だけに基づいた系統樹は、収斂の影響を強く受けるので信頼できない。ここで、米澤君が考えたおもしろいアイデアとは次のようなものであった。

DNAデータが得られている古顎類の種（つまり現生種と最近になって絶滅した種）の間の系統関係については、分子系統樹を受け入れることにする。ジョンストンの形態データとそのあとで新たに得られている形態データのうち、分子系統樹と矛盾する関係を与える形質は、収斂などの影響を受けているものとして解析から取り除く。収斂の影響を受けていないと考えられる形態データだけを用いて、化石種のリトルニスを含めた解析を行なったらどうなるであろうか。米澤君がこのようなアイデアに基づいて形態データを再解析した結果、リトルニスはダチョウとともに古顎類のなかで最初にほかから分かれたことが明らかになった（口絵8、図5-14）。この解析によると、リトルニスがダチョウよりも先に分かれた可能性が一番高いものの、ダチョウが先に分かれた可能性とダチョウとリトルニスが姉妹群の関係にある可能性は排除できない。いずれにしてもリトルニスとダチョウが古顎類のなかで一番古い時期にほかから分かれたことは確からしいのである。現生のダチョウはアフリカに分布していて、最も古いダチョウの化石もアフリカで見つかるので、この走鳥類はもともとゴンドワナで進化したものと考えられがちであるが、北方のユーラシアで進化した可能性もあるのだ。それはかなり古い時代からユーラシアでもダチョウの化石が見つかっており、中国では最近まで生息していたことが分かっているからである（図5-16）。

　従って、リトルニスとダチョウが古顎類のなかで最初にほかから分かれ

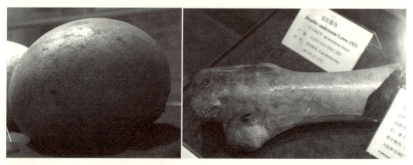

▲図5-16　2万5000年前の中国にいたダチョウ　*Struthio anderssoni* の卵（左）と大腿骨（右）．アフリカにいる現生のダチョウよりも大きかった．

第 5 章　象鳥の起源

たということは、これまでゴンドワナを中心として考えられてきた古顎類進化のシナリオを根本から考え直さなければならないことを意味する。

■古顎類の祖先は小さな飛べる鳥だった

　古顎類進化の新しいシナリオを紹介する前に、われわれが行なったもう1つの解析についても触れておかなければならない。口絵8の系統樹にはたくさんの円が描いてあるが、これらの円の面積はそれぞれの鳥の体重に比例するように描かれている。現生の鳥の体重はすぐに分かるが、共通祖先の体重をどのように推定するかについては少し説明が必要である。

　ミトコンドリア・ゲノムのなかでたんぱく質をコードする遺伝子のコド

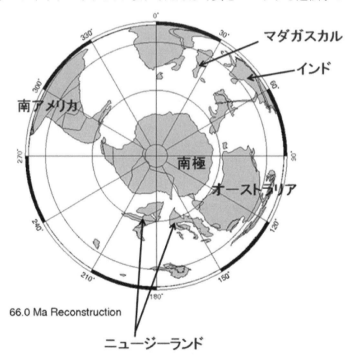

▲図 5-17　6600 万年前の南極の周辺の古地図　（出展：http://www.odsn.de/odsn/services/paleomap/paleomap.html）．

ンの3番目の塩基の進化速度は、体重と相関があることが知られている。進化速度とは進化の過程で塩基が置き換わる速度である。コドンの3番目の塩基が置き換わっても、アミノ酸は変わらないことが多いため、概ね中立的な変化だと考えられる。そのような塩基の進化速度は、突然変異率に比例する。

　一方、ミトコンドリアの突然変異率は代謝率と相関がある。ミトコンドリアはエネルギー生産工場であるから、代謝率が高いとミトコンドリアにおける遊離酸素濃度が高まり、突然変異率が上がるのである。

　また、からだの小さな動物ほど、体重当たりのからだの表面積が広くなるために熱が逃げやすく、そのために高い代謝率になる傾向がある。つまり、からだの小さな動物ほど、ミトコンドリアの突然変異率が高くなると考えられる[119, 120]。

　実際に現生の鳥について調べてみると、体重とミトコンドリア・ゲノムのコドンの3番目の塩基の進化速度との間に負の相関関係が見られる。口絵8の系統樹上で共通祖先に添えられた円は、このような相関関係を使って推定したものである。これは相関関係があるというだけで、進化速度が分かれば体重が厳密に決まるというものではないので、あくまでも大雑把な推定だととらえてほしい。

　ここで面白いのは、口絵8の系統樹上でシギダチョウとモアの共通祖先を含めて、それよりも古い共通祖先はすべて小さな円で示されているということである。それらはすべて現生の鳥では空を飛べる大きさなのである。さらに系統樹の根元から派生したリトルニスも空を飛ぶことができたということも考えれば、共通祖先が空を飛べた可能性が高い。

■古顎類進化の新しいシナリオ

　このような解析結果に基づいてわれわれが考えた古顎類進化の新しいシナリオは以下のようなものであった。

　古顎類の祖先は、もともと北半球の大陸で進化したものであり、リトル

ニスのように飛翔能力をもった比較的小さな鳥であった。そのような鳥がおよそ7900万年前に2つの系統に分かれ、一方の系統は巨大化してダチョウへと進化した。ダチョウはその後アフリカにも進出したが、ユーラシアに残った系統は最近になって絶滅した。ダチョウから分かれたもう一方の系統は、7000万年前までには北アメリカから海を越えて南アメリカに進出した。飛翔能力をもった当時の祖先種にとって、その頃存在したパナマ海峡を越えるこの移住にはそれほどの困難はなかったかもしれない。この南アメリカに渡った古顎類の祖先から、ダチョウ以外の現生古顎類がすべて進化したのである。

　南アメリカに進出したグループは新天地で急速に多様化する。現生種のなかで最初に分かれたのが南アメリカのレアであり、もう一方のグループはさらに分布を広げた。その当時は、南アメリカは孤立した大陸ではなく、南極を通じてオーストラリアとつながっていた（図5-17）。

　当時の南極は温暖で緑豊かな大陸であり、さまざまな生き物が南極を経由して南アメリカからオーストラリアに移住した。実際、南極大陸から古顎類の化石も見つかっている。現在オーストラリアで繁栄しているカンガルーなどの有袋類も、南アメリカから南極経由で6000万年前頃にオーストラリアにやってきた祖先から進化したものである。従って、南極大陸の化石調査は、今後もさまざまな動物の進化を知る上で重要である。

　南アメリカの古顎類の祖先は、およそ6900万年前にシギダチョウ＋モアとそのほかのグループの2つに分かれた。前者のグループのなかから、およそ5400万年前にモアの祖先がシギダチョウから分かれて、南極に到達した。その頃には、ニュージーランドはすでに島として孤立していたので、モアの祖先は南極から海を越えてニュージーランドに渡ったと考えられる。あるいは陸伝いにいったんオーストラリアに移住したあとで、海を越えてニュージーランドに渡ったのかもしれない。

　モアの祖先には飛翔能力があったと思われるが、南極大陸あるいはオーストラリアからニュージーランドに渡るのは容易ではなかったかもしれない。飛んで海を越えたのではなく、浮き島などに乗って漂着したのかもし

れない。その場合でも、多少とも飛翔能力があったほうが移住に成功する確率は高かったであろう。

　南アメリカでシギダチョウとモアの共通祖先から分かれたもう一方のグループも南極に移住した。6600万年前にそのなかから分かれた1つのグループはオーストラリアに進出し、その後エミューとヒクイドリに進化した。エミューとヒクイドリの祖先のオーストラリアへの進出は、陸伝いで可能だった。もう一方のグループからキーウィと象鳥が進化した。

　キーウィと象鳥が分かれたのがおよそ6200万年前の南極だったと考えられるが、キーウィの祖先はニュージーランドに渡り、象鳥の祖先はマダガスカルに渡った。象鳥の祖先も飛翔能力をもっていたと考えられるが、マダガスカルはこの頃には南極大陸からはかなり離れた島であり、途中の島を伝って渡ったとしても、自力で飛んで渡るのは難しかったであろう。この場合も、浮き島に乗った漂着が最も考えやすいシナリオであろう。

　このようにして、古顎類の祖先が現在の生息地に到達したあとで、それぞれ独立に巨大化が起こり、飛べない鳥である走鳥類になったと考えられる。ただし、ニュージーランドに到達したキーウィだけはかなり違う方向に進化した。ニュージーランドにはコウモリと海生哺乳類以外の哺乳類がいなかったため、キーウィの祖先は食虫性哺乳類のような生態的地位を占めるようになったのであり、この鳥は名誉哺乳類と呼ばれることもある。現生のキーウィは果実なども食べるが、彼らの主食は地中のミミズや昆虫の幼虫などであり、鳥類としては珍しく鋭い嗅覚を発達させ、夜行性の生活をするようになった。そして、飛翔能力は失ったが、巨大化への道は歩まなかった。

　南極大陸からの古顎類の移住は、およそ5400万年前にモアの祖先がシギダチョウと分かれたあとでニュージーランドに渡ったのが最後である。その後、南極大陸の環境は次第に変わっていった。超大陸の分断に伴って3500万年前頃に南極大陸が完全に孤立してしまうと、南極大陸の周りを回る環南極海流が形成される[74]。そのために、それまで赤道地域から南極大陸沿岸に流れ込んでいた暖流が遮断された。それに伴って大陸を取り

巻くように帯状に強い西風が吹くようになり、これが壁になって北側の温かい気団が南極に流れ込むのを妨げるようになった。このようにして南極は次第に冷えていき、古顎類たちの住める環境ではなくなっていった。

われわれの仮説では、もともと北半球の大陸（ローラシア大陸）で進化した古顎類の祖先が、北アメリカからパナマ海峡を渡って南アメリカに到達したことになる。

これとは別の考えかたとして、古顎類の祖先がローラシア大陸から当時すでに孤立していたアフリカ大陸に渡り、その後南アメリカに分布を広げたというシナリオも可能である。

しかし、このアフリカ経由説では南アメリカ経由説にくらべて1回多く古顎類の祖先が海を渡ったと仮定しなければならない。空を飛べる鳥であっても、現生のシギダチョウ程度の飛翔力では大陸を隔てる海を渡るのは容易ではなかったであろう。

第2章で出てきた最節約法に関連した「オッカムの剃刀」の原理から、稀な現象の回数がなるべく少なくて済むような仮説として、南アメリカ経由説に軍配が挙がるのである。

■ **海を越えた移住**

空を飛ぶことのできる鳥であっても、ほかの大陸からマダガスカルに渡るのは容易ではなく、決して自由に行き来しているわけではない。このことは、マダガスカルには世界のほかの地域にはいない鳥類の固有種が多いことからも分かる。アオサギ、ダイサギ、ムラサキサギ、ダイゼン、チュウシャクシギ、トビ、ハヤブサなど飛翔力の強い鳥のなかには日本との共通種も見られるが、マダガスカルには固有種が多いのである。

マダガスカルに生息する鳥類は現在61科に限られ、これは面積ではマダガスカルよりも狭い日本の70科よりも少ない。日本の九州は対馬海峡をはさんで大陸の朝鮮半島とおよそ200 kmの距離であるが、途中に対馬がある上、地史的には最近になっても大陸とつながった歴史がある。

これに対してマダガスカルは、モザンビーク海峡をはさんでアフリカとおよそ400kmの距離にあり、しかも1億3000万年前にアフリカから離れ、1億年前には南極大陸からも離れたのち、一度もほかの大陸とは陸続きになったことはないと考えられている（ただし、インドとは7500万年前くらいまではつながっていた）。そのようなマダガスカルの地史のせいで、この島の鳥類には世界のほかの地域にはどこにもいない特産科が5つもある[121]。日本にはそのような科はない。
　マダガスカルの鳥の特産科は、海を越えたほかの大陸（その多くがアフリカ）からの移住にたまたま成功した祖先から進化し、その後大陸との交流は途絶えたものと考えられる。マダガスカルの現生哺乳類もアフリカから漂着した4種の祖先から進化したものであるが、飛翔能力をもった鳥の場合でも、飛翔力が特に強いグループ以外は似たような状況なのである。飛翔能力があったほうがうまく海を渡るのに成功する確率は高いものの、やはり幸運に恵まれたものだけが成功するという図式には変わりはないのだ。
　マダガスカルの哺乳類の祖先がアフリカから海を越えて渡ってきたという考えは、古生物学者のジョージ・ゲイロード・シンプソンによって唱えられたものである。シンプソンは、アルフレッド・ウェゲナーの大陸移動説に反対したことでも有名である。
　大陸移動説が確立し、生物の分布を大陸移動と関連づけて説明しようという研究が盛んになってきた。そして哺乳類の進化に大陸移動が深く関わっていることが明らかになった。それに伴って、漂着による海を越えた移住で生物の分布を説明しようというシンプソンの考えは次第に退けられるようになってきた。なによりも漂着説は直接的な証拠を得ることが難しいのである。また漂着説によれば、何でも説明できてしまうということが、むしろ非科学的だとされた。これに対して、生物の地理的分布を大陸移動説によって説明しようという考えは、非常にすっきりとした説明であり、歓迎されたのだ。
　大陸移動説によって生物分布が説明できれば、確かにそれが一番すっ

きりした説明になり、科学的でもある。ただし、大陸移動説が科学の新しいパラダイムになってしまうと、あらゆるものをそれで説明してしまおうという風潮が生まれる。それは科学的態度ではない。あくまでもデータと照らし合わせて、説明が妥当かどうか判断されなければならない。

　ジョンストンは、ダチョウが古顎類のなかで最初にほかから分かれたということから、1億500万年前にアフリカと南アメリカが分断したことが、古顎類における最初の種分化に対応すると考えた。しかし、この仮説が成り立つためには、ダチョウとほかの古顎類との分岐が大陸分断の年代と一致する必要がある。われわれの解析によると、明らかにこの分岐は大陸の分断時期よりもはるかに若いのである。従って、ジョンストンの仮説は棄却されなければならない。考え得るほかの仮説がすべて具体的な証拠から棄却された場合、最後に残された仮説として漂着説を受け入れざるを得ないのである。

■南極大陸 ── 進化の十字路

　およそ6900万年前に南アメリカでシギダチョウとモアの共通祖先から分かれた走鳥類のグループがいた。象鳥、キーウィ、エミュー、ヒクイドリなどの共通祖先である。彼らは当時南アメリカと陸続きだった現在の南極大陸に進出した。この地で進化したこの走鳥類は、6600万年前頃に2つの系統に分かれた。一方はその当時やはり陸続きだったオーストラリアに到達し、その後エミューとヒクイドリに進化した。もう一方が、象鳥とキーウィの共通祖先である。南極でさらに進化した彼らは、およそ6200万年前に2つのグループに分かれ、一方はマダガスカルに渡り、もう一方はニュージーランドに渡った。

　南極に留まってその地で進化したグループもいたはずだが、およそ3500万年前に南極大陸が完全に孤立してしまうと、環南極海流が形成されて寒冷化が進み、南極に残った走鳥類はすべて絶滅してしまう。南極半島のセイモア島で寒冷化が始まる前の古顎類の化石が見つかってい

143

る[122, 123]。南極に残った古顎類のグループは、寒冷化により進化の道を閉ざされてしまったのである。

その当時はまだ飛翔能力のある小さな鳥だったが、マダガスカルに渡った方は次第に巨大化して象鳥へと進化した。ニュージーランドには哺乳類がいなかったので、こちらに渡った方は食虫類的なニッチを占めるキーウィへと進化した。

モアの祖先はおよそ5400万年前に南アメリカでシギダチョウと分かれたあと南極大陸に到達したが、さらにニュージーランドに渡ってその後、巨大化した。このように南極大陸はさまざまな走鳥類進化の十字路のような役割を果たしていた。どのような走鳥類が南極大陸で進化したかは、非常に興味深いテーマであり、南極での化石調査が望まれる。

ニュージーランドの巨鳥モアの絶滅に関しては、最初にこの島に到達したマオリ族が関与したと考えられる。まだ確実な証拠はないが、マダガスカルの象鳥の絶滅に関しても、ヒトが何らかのかたちで関わっていたのかもしれない。

これらの巨鳥たちの祖先を探るにあたって、南極での化石調査が重要であるが、人類が引き起こした温暖化のおかげで南極の氷が融け、その調査がやりやすくなってきたことは皮肉なことである。

■巨大な卵は本当に象鳥のものか？

エピオルニス科の鳥はエピオルニス属とムレロルニス属の2属5〜7種に分類されているが、絶滅種の分類は難しい。大きさが違うために別種として分類されていたものが、実は雌雄の違いだったということもあり得る。現生の生き物だったら、生態観察で分かることも、絶滅してしまったものではそのような手段が使えない。エピオルニスではないが、ニュージーランドの絶滅鳥モア科で大きさの違いから別種とされていたものが、DNAの解析から同種の雌雄であることが明らかになった例がある[124]。

エピオルニス科で最大の鳥は、エピオルニス・マキシマスであり、頭頂高3

m 以上、体重 450 kg であった。またマダガスカルには 図 5-1 のようなエピオルニスの巨大な卵がたくさん見つかっている。同じような卵が 1993 年 3 月にオーストラリア西海岸の砂浜で発見されて大騒ぎになったこともある[114]。マダガスカルから海流に乗って流されてきたものと思われる。

　これらの巨大な卵の大きさは、長径およそ 32 cm、短径 24 cm、厚さ 3 ～ 4 mm であった。はるかにからだが大きかった恐竜でさえも、卵はこれほど大きくはなかったし、卵殻もはるかに薄いものであった。またニュージーランドの最大のモアであったディノルニス・ギガンテウスの卵でも、長径 24 cm、短径 17.8 cm にすぎなかった。従って、この卵は史上最大の卵だといえる。当然、この巨大な卵は最大の象鳥であるエピオルニス・マキシマスのものであると考えられ、研究者もそのように信じてきた。ところが実はこれまで、このことを示す直接の証拠はなかったのである。

　これまで、巨大な卵や卵殻とエピオルニス・マキシマスの骨格が同じ場所で見つかることはなかったのである。卵殻はマダガスカル西部の沿岸、特に南西部の海岸砂丘で多く産出するが、そこでは骨格は見つからない。一方、骨格が見つかるのは主に少し内陸に入った所なのである。このことは、研究者のあいだでは長く謎とされてきた。

　大きな象鳥が巨大な卵を産んでいたことを証明するためには、厚い卵殻の DNA を解析して、最大の骨格の DNA と比較すればよい。2010 年にエシュケ・ウィラースレフのグループが、厚さからエピオルニス属のものと考えられる卵殻のミトコンドリア DNA を解析していた[125]。100 塩基程度の短い配列であったが、この卵殻の正体を明らかにするには十分である。今回われわれが決定したミトコンドリア DNA と比較すると、エピオルニス属のものとぴったり一致した。史上最大の巨大な卵は、やはり巨大な象鳥エピオルニスのものであることがこうして証明されたのである。

　エピオルニス・マキシマスの骨格は内陸部で見つかるのに対して、卵は海岸で見つかるということは、この鳥は産卵のために季節的な移動をしていたと考えられる。大量の卵殻が見つかるフォーカップの海岸砂丘の深度 5 ～ 10 cm では日中の温度が 35°C 以上になるという測定データもあり、

Phylogenomics and Morphology of Extinct Paleognaths Reveal the Origin and Evolution of the Ratites

Takahiro Yonezawa,[1,2,3,22] Takahiro Segawa,[4,5,22] Hiroshi Mori,[6,22] Paula F. Campos,[7,8] Yuichi Hongoh,[9] Hideki Endo,[10] Ayumi Akiyoshi,[5] Naoki Kohno,[11,12] Shin Nishida,[13] Jiaqi Wu,[1,14] Haofei Jin,[1] Jun Adachi,[2,3] Hirohisa Kishino,[14] Ken Kurokawa,[6] Yoshifumi Nogi,[5] Hideyuki Tanabe,[3] Harutaka Mukoyama,[15] Kunio Yoshida,[3] Amand Rasoamiaramanana,[16] Satoshi Yamagishi,[17] Yoshihiro Hayashi,[1,17] Akira Yoshida,[18,19] Hiroko Koike,[20] Fumihito Akishinonomiya,[10,17,21] Eske Willerslev,[7,*] and Masami Hasegawa[1,2,3,23,*]

[1]School of Life Sciences, Fudan University, SongHu Road 2005, Shanghai 200438, China
[2]The Institute of Statistical Mathematics, Midori-cho 10-3, Tachikawa City, Tokyo 190-8562, Japan
[3]School of Advanced Sciences, SOKENDAI (The Graduate University for Advanced Studies), Hayama-cho, Kanagawa 240-0193, Japan
[4]Center for Life Science Research, University of Yamanashi, 1110 Shimokato, Chuo, Yamanashi 409-3898, Japan
[5]National Institute of Polar Research, Midori-cho 10-3, Tachikawa City, Tokyo 190-8562, Japan
[6]Department of Biological Information, Tokyo Institute of Technology, Ookayama 2-12-1, Meguro-ku, Tokyo 152-8550, Japan
[7]Centre for GeoGenetics, Natural History Museum of Denmark, University of Copenhagen, Øster Voldgade 5–7, 1350 Copenhagen K, Denmark
[8]CIMAR/CIIMAR, Centro Interdisciplinar de Investigação Marinha e Ambiental, Universidade do Porto, Rua dos Bragas, 289 Porto, 4050-123 Portugal
[9]Department of Biological Sciences, Graduate School of Bioscience and Biotechnology, Tokyo Institute of Technology, Ookayama 2-12-1, Meguro-ku, Tokyo 152-8550, Japan
[10]The University Museum, The University of Tokyo, Hongo 7-3-1, Bunkyo-ku, Tokyo 113-0033, Japan
[11]National Museum of Nature and Science, Amakubo 4-1-1, Tsukuba City, Ibaraki 305-0005, Japan
[12]Graduate School of Life and Environmental Sciences, University of Tsukuba, Tennnoudai 1-1-1, Tsukuba City, Ibaraki, 305-8572, Japan
[13]Biology, Science Education, Faculty of Education and Culture, University of Miyazaki, Gakuen-Kibanadai-Nishi 1-1, Miyazaki, Miyazaki 889-2192, Japan
[14]Graduate School of Agricultural and Life Sciences, University of Tokyo, Yayoi 1-1-1, Bunkyo-ku, Tokyo 113-8657, Japan

(Affiliations continued on next page)

SUMMARY

The Palaeognathae comprise the flightless ratites and the volant tinamous, and together with the Neognathae constitute the extant members of class Aves. It is commonly believed that Palaeognathae originated in Gondwana since most of the living species are found in the Southern Hemisphere [1–3]. However, this hypothesis has been questioned because the fossil paleognaths are mostly from the Northern Hemisphere in their earliest time (Paleocene) and possessed many putative ancestral characters [4]. Uncertainties regarding the origin and evolution of Palaeognathae stem from the difficulty in estimating their divergence times [1, 2] and their remarkable morphological convergence. Here, we recovered nuclear genome fragments from extinct elephant birds, which enabled us to reconstruct a reliable phylogenomic time tree for the Palaeognathae. Based on the tree, we identified homoplasies in morphological traits of paleognaths and reconstructed their morphology-based phylogeny including fossil species without molecular data. In contrast to the prevailing theories, the fossil paleognaths from the Northern Hemisphere were placed as the basal lineages. Combined with our stable divergence time estimates that enabled a valid argument regarding the correlation with geological events, we propose a new evolutionary scenario that contradicts the traditional view. The ancestral Palaeognathae were volant, as estimated from their molecular evolutionary rates, and originated during the Late Cretaceous in the Northern Hemisphere. They migrated to the Southern Hemisphere and speciated explosively around the Cretaceous-Paleogene boundary. They then extended their distribution to the Gondwana-derived landmasses, such as New Zealand and Madagascar, by overseas dispersal. Gigantism subsequently occurred independently on each landmass.

RESULTS AND DISCUSSION

Phylogenomic Time Tree

Despite enthusiastic investigation and debate, some fundamental questions about the Palaeognathae (volant tinamous and flightless ratites including ostriches, cassowaries, and rheas) such as their geographical origin, the main driving force for the establishment of their current geographic distribution

▲図 5-18 Current Biology 誌に掲載されたわれわれの論文 (5) の最初のページ

この温度が孵化に関与していた可能性があるという[(108)]。砂の中に卵を埋めておけば捕食者からも安全であろう。さすがに夜間は抱卵しないと卵の温度を保てないと思われるが、エピオルニスはほかの鳥ほど子育てに労力を注いでいなかったのかもしれない。その代わりに巨大な卵には大量の栄養が含まれており、ヒナが餌をとれるようになるまで成長できる養分が用意されていたのであろうか。

第5章　象鳥の起源

　もう1つ彼らが海岸で産卵していた理由として考えられるのはカルシウムの摂取である。メスのダチョウは、卵殻をつくるのにカルシウムを消費するので、ヒナが孵化したあとの卵の殻を食べるという。エピオルニスの場合、大きくて厚い卵殻をつくるために消費したカルシウムを補うために、海岸滞在の期間に海で貝殻を食べていたのかもしれない。

■ついに論文発表

　2014年の段階で象鳥のミトコンドリア・ゲノムの解析は終わっていたが、論文発表でアラン・クーパーらに先を越された。そのために、われわれは更に象鳥の核DNAの解析を進めた。そのおかげで多くのことが明らかになり、古顎類全体の進化についても新しいシナリオを描くことができたので、それらの成果を論文にまとめて発表することにした。
　科学の分野で新たな発見があった場合、論文をジャーナルに投稿して査読者から審査を受けた上で、編集者が適当と認めた場合にはじめてその論文が無事に掲載されるというのが通常のプロセスである。論文の価値は、どのジャーナルに載ったかではなく、その論文が科学界にどれだけのインパクトを与えたかで測られるべきである。しかし、多くの研究者が読むようなジャーナルに載ればそれだけインパクトも高くなるので、科学者はこぞってそのようなジャーナルに投稿することになる。それぞれのジャーナルの紙面は限られているので、当然そのようなジャーナルに掲載されるためには厳しい審査をくぐり抜けなければならない。審査は編集者が選んだ匿名の査読者（通常は2名程度）によって行なわれる。
　筆者らの論文が最初に審査を受けたジャーナルでは、査読者による審査に非常に時間がかかったあげく、掲載拒否という結論であった。どうも2人の査読者とも競争相手か、それに近いひとだったようで、言いがかりとしか思えないような批判をしてきたのだ。それに対してわれわれは編集者に手紙を書いて査読者の批判が不当なものであることを説明したが、結局編集者の出した結論が覆ることはなかった。ここで長い時間を

費やしてしまったが、最後にわれわれは Current Biology というアメリカのジャーナルに投稿した。

　今度は3人の査読者に回され、A4版用紙に印刷すると8ページ分びっしりと書き込まれた膨大なコメントが戻ってきた。3人とも非常に詳しくわれわれの原稿を読んでくれていて厳しい批判が多かったが、前のジャーナルのときとは違いそのほとんどは建設的なものだった。年代推定の際にさまざまなことを仮定しているが、批判の多くはその仮定の妥当性に関するものだった。それらの仮定を除いたり、別の仮定の下で解析すると、結果がどう変わるかを調べなさいというものである。それでもわれわれの出した結論が覆らないようであれば、よいだろうという意見である。膨大な解析をやり直さなければならないが、ようやくしっかりした手ごたえを感ずることができた。

　3人の査読者の疑問に応えるべく再解析をした結果、最初に提示したシナリオはそのまま成り立つことが分かり、改訂した原稿を再び編集部に送った。しばらくすると査読結果が戻ってきたが、前回の3人の査読者に加えて4人目の査読者にも原稿が回されたようで、再び前回並みの膨大なコメントが戻ってきた。

　われわれの描いた古顎類進化のシナリオが、これまで受け入れられてきたものとあまりにも違うので、編集者は念のためもう1人の査読者にも見てもらうことにしたようである。その結果もう1回再解析をすることが求められた。再解析しても最初に出した結論は成り立つことが分かり、再度改訂した原稿を送った。このようにして2017年1月9日に、われわれの論文はようやく Current Biology 誌（208ページの参考文献 (5) では "Curr. Biol." と略記）に掲載された（**図 5-18**）[5]。このような査読者とのやりとりはかなり大変なものであったが、このようなプロセスを通じてわれわれの論文の内容はずいぶんと良くなったことが感じられた。

　科学の発展はこのような匿名の査読者によって支えられている。彼らは一銭の謝礼ももらわずに、論文審査に協力してくれているのである。もちろん私に査読が回ってきたときには、建設的な批判をするように努める義

第5章　象鳥の起源

▲図 5-19　アイノコセンダングサ *Bidens pilosa* var. *intermedia*（キク科）　コセンダングサ *Bidens pilosa* の変種で，コセンダングサとコシロノセンダングサとの雑種とされている．普通のコセンダングサと違って外周の筒状花のうち何個かが大きく白色になる（下部挿入写真の左方）．痩果（乾いた果実）の先端には棘があり，ひっつき虫と呼ばれるものの一種．コセンダングサやコシロノセンダングサの痩果も同様の棘をもつ．下部右端に棘の拡大写真を示したが，棘には細かい毛が生えていて，哺乳類の毛や衣服につきやすくなっている．

務が私にもあるわけだが……。

　論文を担当した編集者のフロリアン・マデルスパッカー Florian Maderspacher がわれわれの論文の紹介記事を Current Biology 誌に書いている[126]。彼は、「分子、形態、化石、生物地理学などの情報を系統学の枠組みのなかで統合した画期的な論文である」として、われわれの論文を高く評価してくれた。ようやく苦労が報われた思いであった。

■象鳥がマダガスカルの生態系で果たしていた役割

　象鳥が果たしていた役割として重要だったと考えられるのが、植物の種子を運ぶことである。植物は動物のように自分では動き回れないので、

149

▲図 5-20　ディディエバオバブ *Adansonia grandidieri* の果実　マダガスカル西部のムルンダヴァでは 11 月頃になるとこのように果実が市場で売られる．堅い果皮を割ると，たくさんの種子が白いパルプ質の衣に包まれて入っており，そのまま口にふくむとパルプ質が溶けて甘酸っぱい．

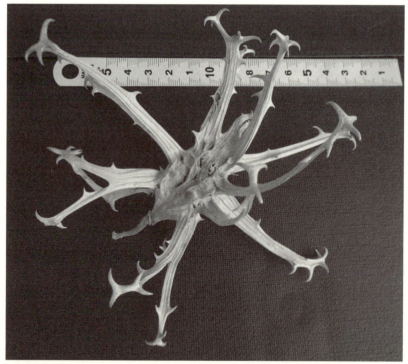

▲図 5-21　ライオンゴロシ *Harpagophytum procumbens* の実

第 5 章　象鳥の起源

分布を広げるためには、タンポポのように綿毛の生えた種子を風に運んでもらうか、あるいは動物に運んでもらうしかない。動物に運んでもらうものとしては、日本でもなじみのコセンダングサなどで代表される、「ひっつき虫」と呼ばれる瘦果がある（図 5-19）。瘦果とは果皮と種皮が密着した乾いた果実である。ひっつき虫の瘦果には棘があり、棘には細かい毛が生えていて、哺乳類の毛につきやすくなっている。

　象鳥と同じ走鳥類のヒクイドリはオーストラリアやニューギニアの熱帯雨林に生息するが、彼らの主食は果物である。成鳥は 1 日に数百個の果実を食べるが、種子はそのまま排泄される。そのために、種子はいろいろな場所に運ばれ、そこで新しい世代が育つことができるのだ。自然に落下しただけでは、親の陰でうまく育つことができない可能性が高いが、様々な場所に散布してもらうことによって可能性が開けることになる。もう 1 つ重要なことは、ヒクイドリに発芽を助けてもらう植物もある。キントラノオ目アカリア科の *Ryparosa kurrangii* は、オーストラリア沿岸の熱帯雨林に自生するが、ヒクイドリが関与しない場合は 4 ％ しか発芽しないのに対して、ヒクイドリの体内を通過したあとの発芽率は 92 ％ にも達するという[127]。

　マダガスカルの代表的な植物であるバオバブ（図 5-20）の場合も、種子を播いてもそのままではなかなか発芽しないという。そのため、植林によって生態系を復活させようという活動では、バオバブの種子をカップに入れて熱湯を注ぎ、一夜置いてから地中に埋めるという[128]。バオバブもまた、絶滅した巨大キツネザルや象鳥の体内を通過しないと発芽しにくいのかもしれない[2]。もしもそうだとしたら、それらの動物が絶滅してしまったマダガスカルのバオバブは、ヒトの助けなしでは世代更新できないことになり、その将来は暗い。

　マダガスカル固有の植物にゴマ科のウンカリーナ属 *Uncarina* がある（口絵 11、12）。実には棘がたくさん生えていて、その先に釣り針のような返しがあるために引っかかるとなかなかとれない（口絵 11*b*、12*b*）。ゴマ科植物の実には棘の生えたものが多いが、アフリカにも同じゴマ科のハル

パゴフィツム属 *Harpagophytum* が分布する。こちらもウンカリーナに似た棘のついた実をつけ、その実は「ライオンゴロシ」とか「悪魔のかぎ爪」と呼ばれる（図 5-21）。なぜライオンゴロシという名前がついたかは、文献 (129) に詳しい。現地ではこの植物の塊茎の煎じ薬は消化器系の疾患や関節炎の治療に用いられ、生薬は西洋では関節炎、リュウマチの治療目的で健康食品店にも置かれているという[130]。

　ライオンゴロシは地面を這うように伸びるので、その実は動物に踏みつけられることによって体にくっついて運ばれる。デイビッド・アッテンボロー[131]のイギリス BBC のテレビ番組では、ダチョウがライオンゴロシの実を踏みつけて、その棘を足に刺したまま実を運ぶ様子が写されている。ダチョウの足の裏はかたくて厚い鱗でおおわれていて、棘が刺さっても平気なのである。

　南アフリカ共和国ケープタウン大学のジェレミー・ミヂレイ Jeremy Midgley とニコラ・イリング Nicola Illing は、マダガスカルのウンカリーナの実もこのような方法で散布されていたのではないかと考えた[132]。そして散布していたのが象鳥であったという。直接の証拠はないが、ウンカリーナの大きな実を運ぶことができた動物の候補としては、マダガスカルにはそれ以外に見当たらないのだ。体重が 200 kg にも達する絶滅したキツネザルであるアーケオインドリ・フォントイノンチ（図 4-10）もそのような役割を果たしていた動物の候補に挙げられることがある。しかし、彼らがウンカリーナの鋭い棘が刺さっても平気な足をもっていたとは考えにくい。

　哺乳動物の体毛について運ばれるコセンダングサのような植物の種子には普通は細かい毛があって体毛にくっつき易くなっているが（図 5-19 右下の拡大写真）、ウンカリーナにはそのようなものはない。

　ウンカリーナの実は、木についている間、棘は目立たないが、木から落ちて乾燥すると鋭いかぎ爪が出てくるのだ。従って、動物の体毛について運ばれるとは考えにくく、動物に踏みつけられることによって散布されると考えるのは極めて自然であろう。さらにその大きさからも、散布を助け

た動物が象鳥であったという考えも納得できる。ウンカリーナの分布がかつての象鳥の分布と重なるということも、この考えを支持する。

象鳥が絶滅した現在、ウンカリーナの種子散布の役割を受け継いでいるのは、ヒトが持ち込んだコブウシなのかもしれない（**図 1-13**）。マダガスカルのウンカリーナとアフリカのハルパゴフィツムはどちらもゴマ科に属するが、ゴマ科のなかで特に近縁な姉妹群の関係にあるわけではなさそうである。このことは分子系統学によって確かめられたわけではないが、もしそうだとすると、この2つのグループの間で共通に見られる「かぎ爪」も収斂進化の結果だということになる。

マダガスカルには数種類のウンカリーナが自生するが、いずれもかぎ爪をもった実をつける。そのなかでも特に大きな実をつける**口絵 11b**のウンカリーナ・ステルリフェラ *Uncarina stellulifera* は最大の象鳥であるエピオルニス・マキシマスと分布が重なる。運んでくれる象鳥の大きさに合わせて、ウンカリーナの実のほうも進化したのかもしれない。

■なぜマダガスカルで巨大な象鳥が進化したのか？

なぜマダガスカルでこんなにも巨大な走鳥類が進化したのであろうか。この疑問に答えるには、巨大な走鳥類を生み出したもう1つの島ニュージーランドの状況も併せて考えるのがよさそうである。そもそも島に移住した大型動物は小型化する傾向があることはよく知られている。ロシア北極海のウランゲリ島に紀元前1700年頃まで生息していたマンモスの体重は2トンしかなかったといわれている。大陸のマンモスは6トンくらいあったので、この島でかなりの矮小化が起こったことは確かである。

地中海のマルタ島にいたドワーフエレファント *Elephas falconeri* は、現生のアジアゾウと同属に分類されるが、体高90 cmと大型犬のセント・バーナードくらいしかなかった。また第4章で紹介した絶滅したマダガスカルコビトカバもまたアフリカ大陸から渡って来たカバが矮小化したものと考えられる。

同じ島国のなかでも、日本の本州にいるニホンザルやニホンジカにくらべて、小さな島である屋久島にいるそれらと同種のヤクシマザルやヤクジカは、それぞれ本州のものと同種であるが、からだはかなり小さい。
　このような島における矮小化とは逆に、ニュージーランドのモアやマダガスカルのエピオルニスは大陸の走鳥類よりも巨大化したのである。現生の走鳥類のなかで最大のダチョウはアフリカ大陸に生息しているが、かつて中国にいたダチョウ *Struthio anderssoni* は、現生のダチョウよりも大きかった（図5-16）。それでも、最大のエピオルニスやモアにくらべるとはるかに小さなものであった。
　モアがいたニュージーランドには、コウモリや海生哺乳類以外の哺乳類がまったくいなかった。そのためキーウィの祖先は、トガリネズミのような食虫哺乳類の生態的な地位を獲得し、地面にくちばしを突っ込んで地中のミミズや昆虫の幼虫を食べるようになったのだ。また、ゾウやウシなど大型植物食動物の生態的地位も空いていたので、モアはその地位を埋め合わせるように進化したと考えられる[133]。
　空を飛ぶことができた鳥のほうが、哺乳類よりもニュージーランドやマダガスカルのような大陸から離れた島に到達できた可能性は高い。空を飛ぶモアやエピオルニスの祖先がそれぞれの島に到達できたときには、そこの哺乳類はまだ十分に進化していなかった。マダガスカルにはほぼ同じ頃にキツネザルの祖先も到達していたかもしれないが、彼らはまだ小さな樹上性のサルであって、メガラダピスやアーケオインドリのような巨大なキツネザルが進化するのはもっとあとになってからである。また、コビトカバや次章で出てくるマダガスカルの絶滅したディディエゾウガメも大型植物食獣と同じような生態的な役割を果たしていたが、これらのコビトカバやゾウガメが渡ってきたのはさらにあとである。
　エピオルニス科とキーウィ科が分かれたのがおよそ6200万年前、マダガスカルでエピオルニス科がエピオルニス属とムレロルニス属とに分かれたのがおよそ3500万年前であるから、エピオルニス科の祖先がマダガスカルに到達したのは6200万年前から3500万年前の間ということになる。

第 5 章　象鳥の起源

　これはキツネザルの祖先が最初にマダガスカルに到達した時期と重なる。エピオルニス科の祖先がマダガスカルにやってきた頃には、彼らはまだ空を飛ぶことができたが、この島には強力な捕食者がいなかったために、彼らは空を飛ぶ必要がなくなったのかもしれない。同時に、この島には大型植物食獣がいなかったので、彼らと同じような生態的な役割を果たすべく大型化への道を歩んだと考えられる。

　大型化することは、捕食者に対抗するためという説明がなされることがある。確かにアフリカのサバンナゾウがあそこまで大きくなった理由はライオンのような強力な捕食者の存在があったからかもしれない。ところが、もともと空を飛んでいた祖先から進化した同じアフリカのサバンナのダチョウにとっては、基本的なからだの構造からむやみに巨大化することはできなかったのかもしれない。またむやみに大きくなることは、捕食者からすばやく逃げる能力を犠牲にしなければならない。ゾウほどに大きくなることができれば、ライオンにも対抗できるが、中途半端な巨大化では逃げることもできなくなるだろう。一方、そのような強力な捕食者がいなかったマダガスカルやニュージーランドでは走鳥類のさらなる巨大化が進んだものと考えられる。

　モアの捕食者としては、モアと同じ頃に絶滅したハースト・イーグル *Harpagornis moorei* という巨大なワシが知られている。翼を広げると 3 m にも達したというこの巨大なワシは、モアを捕食していたとされている。進化はとどまることなく永遠に進行する過程であるから、捕食者がいなかったニュージーランドでモアが巨大化を達成したあとで、それを捕食するようなワシが進化したのであろう。一方、マダガスカルでは絶滅した *Stephanoaetus mahery* というワシが、体重 20 kg くらいまでのキツネザルを捕食していたとされているが[99]、巨大な象鳥の捕食者は知られていない。

第6章 マダガスカルの現生鳥類、および爬虫類と両生類

■現生鳥類

　象鳥は絶滅したが、マダガスカルにはさまざまな鳥類が生息する。飛翔力の強い鳥のなかにはハヤブサ、トビ、アオサギ、アマサギなど日本との共通種も見られるが、マダガスカルには固有種が多い。空を飛ぶ鳥であっても、ほかの大陸との間を自由に行き来しているわけではないのだ。

　哺乳類の場合と同様、アフリカ大陸では普通に見られても、キツツキ目、サイチョウ目のサイチョウ科、スズメ目のシジュウカラ科などマダガスカルでは欠けているグループも多い。ここではマダガスカルの固有種を中心に、この島の鳥たちを紹介しよう[134, 135]。

　ジカッコウ属 *Coua* は10種が記載されているが、すべてマダガスカルにしか分布しないので、マダガスカルの固有属である（図6-1*a*、-1*b*）。ジカッコウ属はカッコウ目カッコウ科に属するが、托卵性をもつカッコウ亜科とは違って、托卵はしない。分子系統解析によりマダガスカルのジカッコウはカッコウ科のなかで1つのまとまったグループを形成することが分かった[136]。

　カッコウ科のなかでどれが姉妹群かはまだ不明であるが、マダガスカル哺乳類のそれぞれのグループと同様、マダガスカルにやってきた1つの祖先種からさまざまに多様化したことは明らかである。

　マダガスカルで特に多様化した鳥類の筆頭としては、オオハシモズ科が挙げられる。21種が記載されているが、コモロ諸島にも分布するルリイロマダガスカルモズ以外はすべて、マダガスカルの固有種である。

第6章 マダガスカルの現生鳥類、および爬虫類と両生類

▲図6-1a オニジカッコウ *Coua gigas* 現生のジカッコウのなかでは最大の種で,キジのメスくらいの大きさであり,地上性で歩きながら昆虫などを食べる(ベレンティにて),-1b カンムリジカッコウ *Coua cristata* 樹上性で地面にはあまり下りない.

157

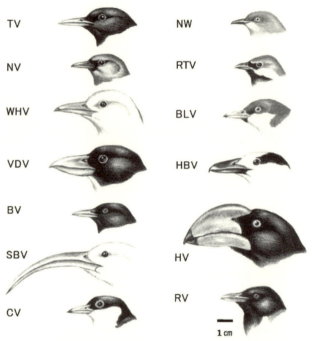

▲図 6-2 くちばしが多様化したオオハシモズ科のさまざまな鳥 (Yamagishi et al. 2001)（文献 (137) より許可を得て転載）　**TV**：マダガスカルヒヨドリ *Tylas eduardi*, **NV**：ベニバシゴジュウカラモズ *Hypositta corallirostris*, **WHV**：シロガシラオオハシモズ *Leptopterus viridis*, **VDV**：シロノドハシボソオオハシモズ *Xenopirostris damii*, **BV**：クロマダガスカルモズ *Oriolia bernieri*, **SBV**：ハシナガオオハシモズ *Falculea palliata*, **CV**：チェバートオオハシモズ *L. chabert*, **NW**：ニュートンヒタキ *Newtonia brunneicauda*, **RTV**：アカオオオハシモズ *Calicalicus madagascariensis*, **BLV**：ルリイロマダガスカルモズ *L. madagascarinus*, **HBV**：カギハシモズ *Vanga curvirostris*, **HV**：ヘルメットモズ *Euryceros prevostii*, **RV**：アカオオハシモズ *Schetba rufa*.

　図 6-2 に示すように、オオハシモズ科の鳥はさまざまな大きさとかたちのくちばしをもつ。山岸哲さんらは、このくちばしのかたちの違いを工具にたとえている。この図のなかの極端に長いハシナガオオハシモズ（**SBV**）のくちばしはピンセット、ヘルメットモズ（**HV**）のくちばしはまるでプライヤーである[137]。この両極端の中間的なものもいろいろある。これら多様なかたちのくちばしは、それぞれの種の食べ物と関係しているのである。

第6章 マダガスカルの現生鳥類、および爬虫類と両生類

　ダーウィンがガラパゴス諸島で調べたいわゆるダーウィンフィンチもくちばしの多様性で有名だが、オオハシモズ科のくちばしの多様性はそれをはるかにしのぐものである。マダガスカルにおける環境の多様性がいかに高いかが分かる。

　山岸らは分子系統解析により、これらマダガスカルのオオハシモズ科の多様な鳥が、系統的に1つのまとまったグループを形成することを示した[137]。その後のほかの研究者たちによるもっとたくさんの種を含めた系統解析では、アフリカのメガネモズ科がオオハシモズ科のなかに入り込むことが示された[138]。

　また、オオハシモズ科＋メガネモズ科の姉妹群が、アフリカのメガネヒタキ科になることから、オオハシモズ科＋メガネモズ科の共通祖先がアフリカからマダガスカルにやって来て、多様な進化を遂げたあとでその一部がアフリカに戻ってメガネモズ科へと進化したことが示唆される。

　あるいは、オオハシモズ科の起源が、アフリカからの2回の独立の渡来による可能性もある。いずれにしても、マダガスカルにはキツツキやいくつかの鳥のグループが分布しないので、オオハシモズがその空白を埋める

▲図6-3　マダガスカルシキチョウ♂　*Copsychus albospecularis* ♂（ベレンティにて）

ように多様な進化を遂げたのである。

　かつてはマダガスカルではアイアイがキツツキの生態的地位を占めているという説があったが、この説は島泰三さんらによって否定されたことは第4章で紹介した。アイアイではなく、オオハシモズがその役割を果たしているのである。

　マダガスカルシキチョウ Copsychus albospecularis （図6-3）はオオハシモズとは全く違うルートでマダガスカルにやって来た。この鳥はマダガスカル中で普通に見られる。シキチョウ属 Copsychus はスズメ目ヒタキ科（ツグミ科として独立させる分類もあるが、その場合はヒタキ科の姉妹群となる）に属する。ただし、英名は magpie robin だが、magpie は羽色がカササギに似ていることからきている。

　シキチョウ属はフィリピン、インド、東南アジア、中国南部、さらにマダガスカルとその北に位置するセーシェルに分布する。分子系統解析から、シキチョウ属の最初にほかから分岐したのはフィリピンの系統であり、そのあとで東南アジアとマダガスカルとセーシェルの系統が分かれたことが明らかになった[139]。このことから、マダガスカルシキチョウの祖先は、東南アジアからインド洋の島伝いにマダガスカルまで渡ってきたと考えられる。これはマダガスカル人の祖先がインドネシアから最初に渡って来たルートでもある。

　マダガスカルヒメショウビン Corythornis madagascariensis （口絵13）は、マダガスカル固有のブッポウソウ目カワセミ科の鳥である。以前は東南アジアやオーストラリアに分布する Ceyx 属に入れられたり、アフリカの Ispidina 属に入れられたりしていたが、分子系統学からアフリカの Corythornis 属に入る可能性が高いことが分かった[140]。多分アフリカからやって来たということである。

　マダガスカルサンコウチョウ Terpsiphone mutata （口絵14）はスズメ目カササギヒタキ科の鳥で、マダガスカルのほかにコモロ諸島にも分布する。Terpsiphone 属はこのほかにもいくつかの種がインド洋の島々に分布している[141]。

第6章 マダガスカルの現生鳥類、および爬虫類と両生類

▲図6-4 マダガスカルオウチュウ *Dicrurus forficatus* (ベレンティにて)

アルダブラタイヨウチョウ *Nectarinia souimanga*（口絵15）はスズメ目タイヨウチョウ科に属し、マダガスカルのほかにコモロやセーシェルなどにも分布する。タイヨウチョウ科はアフリカ、アジア、オセアニアの熱帯に広く分布するが、アメリカのアマツバメ目ハチドリ科やオーストラリアのスズメ目ミツスイ科と同様に花の蜜を食べることに特化している。

マダガスカルオウチュウ *Dicrurus forficatus*（図6-4）はマダガスカルで普通に見られる鳥であるが、コモロにも分布する。オウチュウの属するスズメ目オウチュ

▲図6-5 マダガスカルコノハズク *Otus rutilus* (ベレンティにて)

161

▲図 6-6　マダガスカルウミワシ *Haliaeetus vociferoides*（チンバザザ動植物公園）　水面に頭から突っ込んで魚や甲殻類をとって食べる.

ウ科に含まれるのはオウチュウ属 *Dicruridae* だけであるが、1 属のなかでたくさんの種に分化しており、南アジア、東南アジア、オーストラリア、サハラ以南のアフリカ、それにインド洋の島々、マダガスカルなどに生息する。そのうちの 1 種オウチュウ *Dicrurus macrocercus* は旅鳥として日

第 6 章　マダガスカルの現生鳥類、および爬虫類と両生類

本にやって来ることもある。

マダガスカルオウチュウの姉妹群は、セーシェルの固有種であるアルダブラオウチュウ *Dicrurus aldabranus* であり、さらにコモロ諸島の *Dicrurus waldenii* がこれらに近縁であることから、インド洋の島々で種分化を繰り返しながらマダガスカルにたどり着いたものと考えられる[142]。

マダガスカルコノハズク *Otus rutilus*（図 6-5）はマダガスカルのフクロウのなかでは最小で、日本のコノハズクとほぼ同じ大きさである。この種はマダガスカルのほかにコモロにも分布する。

マダガスカルウミワシ *Haliaeetus vociferoides*（図 6-6）はマダガスカルで最大のワシであり、翼を広げると 2 m に達する。最も絶滅が危惧される

▲図 6-7　マダガスカルトキ *Lophotibis cristata*（上野動物園）

マダガスカル固有の鳥の1つであり、同島の西部の海岸沿いに分布する。

マダガスカルトキ *Lophotibis cristata*（図6-7）はマダガスカル固有のトキ科の鳥であり、森に生息する。

マダガスカルレンカク *Actophilornis albinucha*（口絵16）はマダガスカル固有のレンカク科の鳥であるが、これが属するアフリカレンカク属 *Actophilornis* には、このほかには大陸に分布するアフリカレンカク *A. africanus* 1種がいるだけである。

最後に紹介するマダガスカルの鳥はクロコサギ *Egretta ardesiaca* である（図6-8）。この種はマダガスカルだけではなく、アフリカ大陸にもサハラ砂漠以南に広く分布する。マダガスカルの首都アンタナナリブ市内でもよく見かける。日本にもいるコサギよりも小さい。湖や川などの浅い水辺にすみ、魚、甲殻類、昆虫、カエルなどを食べる。図6-8の一番奥に写っている個体のように、浅瀬で翼を傘のように広げて陰を作り、傘の中に頭を入れて陰に逃げ込んだ獲物を捕食する。

▲図6-8 クロコサギ *Egretta ardesiaca*（アンタナナリブ市内アヌシ湖）

■ カメレオン

マダガスカルを訪れる多くのひとにとって、そこで出会うたくさんの動物の中で特に印象深いものの1つがトカゲの仲間のカメレオンではなかろうか。

現生のカメレオンの大部分の種は、マダガスカルかアフリカのどちらか

第 6 章　マダガスカルの現生鳥類、および爬虫類と両生類

に生息するので、カメレオンの起源はこの 2 つの地域のいずれかだったと考えられる。

　カメレオン科がそれと一番近縁なアガマ科と分かれたのがおよそ 9000 万年前と推定されるので、マダガスカルとアフリカが分かれた 1 億 3000 万年前よりは新しい。従って、地理的な分断がマダガスカルとアフリカのカメレオンの種分化に関与したとは考えられない。カメレオン科の共通祖先は、マダガスカルかアフリカかのどちらかで生まれ、その後、もう一方の地域への海を越えた移住が起こったと考えざるを得ない。

　口絵 9 に分子系統学から明らかになったカメレオンの系統樹曼荼羅を示したが、カメレオン科のなかで最初にほかから分かれたのが、マダガスカルのヒメカメレオン属であり、マダガスカルにはほかにもカルンマカメレオン属やフサエカメレオン属が生息している。このようにマダガスカルのほうがアフリカ大陸よりも系統的な多様性が高いことから、カメレオンの起源はマダガスカルであって、その後マダガスカルからアフリカなどへの海を越えた移住が起こったという考えが最初に提案された[143]。

　ところがその考えが正しいとすると、口絵 9 からはアフリカに生息するチビオカレハカメレオン属、ドワーフカメレオン属、カメレオン属、ミツヅノカメレオン属、それにこの図には出ていないがカレハカメレオン属などの祖先は、それぞれ独立にマダガスカルからアフリカに渡ったと考えなければならなくなる。

　もう 1 つの問題は、カメレオン科の姉妹群であるアガマ科がマダガスカルには生息していないということである。アガマ科はアフリカやユーラシアに広く分布しているにもかかわらず、マダガスカルには分布しておらず、化石としても見つかっていないのである。

　更に、マダガスカルの北に位置するインド洋上のセーシェルには、マダガスカルのカルンマカメレオン属と同じ属に分類されていたタイガーカメレオンが生息している。これがマダガスカルのカルンマカメレオンと近縁なのであれば、祖先がマダガスカルからセーシェルに渡ってきたと考えられる。

ところが、分子系統解析の結果、タイガーカメレオンはマダガスカルのカルンマカメレオン属の仲間ではなく、アフリカのチビオカレハカメレオン属に近縁であることが明らかになった(**口絵9**)[144]。そのために、セーシェル固有のこのカメレオンは、タイガーカメレオン属という独自の属に分類されるようになり、祖先はマダガスカルからではなくアフリカからやって来たと考えられるようになった。

　マダガスカル固有のカメレオン3属のうち、カルンマカメレオン属とフサエカメレオン属は互いに姉妹群の関係にあることが分子系統学で確かめられているので、この2属の共通祖先とヒメカメレオン属の祖先がそれぞれ独立にアフリカからマダガスカルにやって来たと考えれば、マダガスカルの多様なカメレオンの起源は説明できる。更にこれとは別にアフリカからセーシェルに渡った祖先からタイガーカメレオンが進化したということになる[6]。

　カメレオンの特徴の1つに体色が変化するということがある。たまたま周りの色に合って保護色のように見えることもあるが、周りの色に合わせるように変化するわけではない。

　体色が変化する原因には大きく2つある。同性、異性に対する行動的な要素と、気温や外敵など周囲の変化による環境的な要素である[145]。カメレオンのオスは体色を目立つように変化させてメスの気を引いたり、ライバルのオスを威嚇したりする。また捕食者から逃れるために体をくすんだ色に変化させることもある。

　このような体色の変化は色素によるものと考えられていたが、最近になってそれは間違いであることが明らかになった[146]。カメレオンの皮膚で、形状の異なる光反射細胞の2つの層が重なった状態が進化したことによるという。彼らは、皮膚をリラックスさせ、あるいは興奮させることによって、上側の細胞層の構造配置を変化させて体色を変化させていることが分かったのだ。構造色と呼ばれるものである。

第6章　マダガスカルの現生鳥類、および爬虫類と両生類

■そのほかのトカゲ・ヘビ類

　カメレオンのほかにもマダガスカルには様々なトカゲが生息している。ヘラオヤモリ属はその1つで、マダガスカルの固有属である。口絵17のフリンジヘラオヤモリは樹皮の色に溶け込んで目立たなくなっている。またヒルヤモリ属もその多くの種がマダガスカルに分布するが（口絵18）、一部の種はコモロなどインド洋の島々やアフリカ東部にも分布する。従って、マダガスカルで進化したヒルヤモリ属がその後、海を渡って分布を広げたと考えられる。しかし、ヘラオヤモリ属やヒルヤモリ属の起源を大陸の分断と結びつけるには分岐年代が新し過ぎることと、近縁な属がアフリカに分布していることから、マダガスカルのこれらのトカゲの祖先もアフリカから海を渡ってやってきたものと考えられる[147]。

　ところで、ヤモリはガなど夜に活動する昆虫を食べるので普通は夜行性である。ところがマダガスカルにはヒルヤモリ属やマルメヤモリ属など昼行性のヤモリが多い。

　ブキオトカゲ（図6-9）はマダガスカル固有のトカゲであり、その名前はギザギザの尾からきている。イグアナ科に分類されることもあるが、独自のブキオトカゲ科にされることもある。

　マダガスカルのイグアナ科にマダガスカルミツメトカゲ（口絵10）がいる。頭のてっぺんに頭頂眼という第三の眼があり、光を感じる。

▲図6-9　ブキオトカゲ *Oplurus* sp.（ブキオトカゲ科（イグアナ科）；ムルンダヴァの近くにて）

ヘビはオオトカゲやイグアナに近いトカゲ類から進化したものである。ヘビがこれらのトカゲ類から分かれて独自の進化の道を歩み始めたのは、インディガスカル（インド ＋ マダガスカル）がほかの大陸から分かれるよりも前だったが、現存するヘビの主要なグループの分化はインディガスカルが孤立したあとなので、マダガスカルのヘビはその後、海を渡ってやってきたも

◀図 6-10　サンジニアボア *Sanzinia madagascariensis*（ボア科；ペリネにて）　マダガスカルにはこのようなボア科やイエヘビ科のヘビはいるが，コブラ科やクサリヘビ科などの毒ヘビはいない．

▲図 6-11　テングキノボリヘビ *Langaha madagascariensis*（イエヘビ科）　吻端に槍のような付属物がある．付属物には骨はない．このように槍のような付属物をもつのはオスで，メスの付属物は葉っぱのようなかたちである．このように雌雄でかたちが大きく異なる（性的二型）のはヘビでは珍しい[83]．

第6章　マダガスカルの現生鳥類、および爬虫類と両生類

のであると考えられる。

マダガスカルにはボア科（図6-10）やイエヘビ科（図6-11）のヘビはいるが、コブラ科やクサリヘビ科などの毒ヘビはいない。

■ワニ

マダガスカルには、アフリカ大陸にも広く分布するナイルワニが生息する（図6-12）。現生のワニとしてはマダガスカルにはこの一種だけしか分布しないが、恐竜が繁栄していた白亜紀には、もっと多様なワニがいた。なかでも変わっていたのが、図6-13のワニである。これはシモスクス・クラルキと呼ばれているが、歯のかたちから植物食だったと考えられる。現生のワニはすべて肉食性であるから、ワニのなかでは変わった方向に進化したものだった。

現生のワニはみな口吻が長く、獲物をしっかりと捕まえるのに適応しているが、このワニの口吻は非常に短く、植物を食べるのに適応していたのである。

▲図6-12　ナイルワニ *Crocodylus niloticus*　現在マダガスカルに存在する唯一のワニで，アフリカのものと同種．地質学的には最近になってアフリカから渡って来たもの．ナイルワニは海でも目撃されることがあるので泳いで渡ることができたのかもしれない．あるいは浮き島などに乗って渡ったのかもしれないが，哺乳類にくらべると長い期間の絶食に耐える能力は高いだろう．

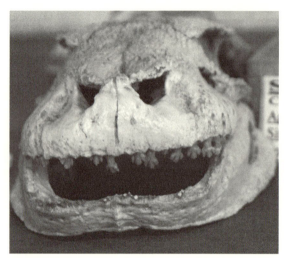

▲図 6-13　白亜紀後期（9700~6600 万年前）にマダガスカルに生息していたワニ，シモスクス・クラルキ Simosuchus clarki（アンタナナリブ大学所蔵）　草原のイネ科植物を主に食べていたと考えられる．

　この幅の広い口のかたちから、このワニがどのような植物を食べていたかを推測することもできる。アフリカにはシロサイとクロサイという 2 種類のサイが生息する。この両者の間の一番顕著な違いは口のかたちである。

　シロサイのほうは口が広い（図 6-14a）。このような口のかたちは、草原の地面に生えたイネ科などの草を食べるのに適していて、そのような食性をもつ動物をグレイザー（草食性）という。

　一方、クロサイのほうは、シロサイの広い口と違っておちょぼ口で、樹木の葉を食べるのに適していて、そのような動物をブラウザー（葉食性）という（図 6-14b）。

　シモスクス・クラルキもシロサイのように、幅の広い口で草原のイネ科植物を主に食べていたと考えられる。

　アフリカのサバンナでは、インパラ、ガゼル、ヌーなど多くのウシ科動物が生きている。アフリカのサバンナはバイオマスと多様性に関して世界で最も豊かな哺乳動物相の 1 つであるが、それを支えているのがイネ科植物である。イネ科植物は、先端を食べられても再生できるような仕組みを

第6章 マダガスカルの現生鳥類、および爬虫類と両生類

▲図6-14a　**シロサイ** *Ceratotherium simum*　シロサイという名前は，色が白いということではなく，口が広いことからつけられた "wide" rhinoceros という名前がいつの間にか "white" rhinoceros になってしまったことによるらしい．

▲図6-14b　**クロサイ** *Diceros bicornis*　シロサイと違って，樹木の葉を食べるのに適応した口である．

もっている。

　多くの植物では成長組織が根と茎の先端にあるため、茎の先端を食べられてしまうと成長が難しくなる。ところがイネ科植物では先端がのびるのではなく地面際や地表下にある分裂組織から上方に葉だけをのばすため、茎の先端や葉を食べられても大丈夫である。むしろほかの植物が捕食圧に耐えられない分、捕食者がいる環境はイネ科植物にとり有利なのである。

171

イネ科植物が進化したのが白亜紀であり、マダガスカルのシモスクス・クラルキはいち早くイネ科植物の豊富な環境に適応したものと考えられる。

■カメ

　マダガスカルのサバンナのイネ科植物を食べていた動物の候補の1つが、絶滅した巨大ゾウガメ、ディディエゾウガメ *Aldabrachelys grandidieri* である。このカメはマダガスカルの北に位置するセーシェル諸島のアルダブラ環礁に生息するアルダブラゾウガメ *Aldabrachelys gigantea*（**図 6-15**）に近縁である。

　マダガスカルには絶滅したゾウガメとして別種の *Aldabrachelys abrupta* もいた。これらのゾウガメはすべて *Aldabrachelys* 属に入れられているが、和名はアルダブラゾウガメのいるセーシェル諸島に因んでセーシェルゾウガメ属とされている。

　ディディエゾウガメは主に地面に生えたイネ科植物を食べており（グレイザー、草食性）、一方の *Aldabrachelys abrupta* のほうは樹木の葉を食べていたと考えられる（ブラウザー、葉食性）。現在アルダブラゾウガメの単位面積当たりのバイオマスは、世界一といわれるタンザニアのセレンゲティにおける哺乳動物全部のバイオマスを上回るとさえいわれている[99]。ディディエゾウガメは現在のアルダブラゾウガメに似た生態的な役割を果たしていたのかもしれない[148]。

　アフリカのサバンナではウシ科動物がイネ科植物を食べるグレイザーとしては最も重要であるが、ウシ科動物がいなかったマダガスカルでは象鳥や巨大なキツネザルとともにディディエゾウガメがその役割を果たしていたのであろうか。

　マダガスカルのゾウガメはすべて絶滅してしまったが、今でもよく見られるリクガメにホウシャガメ *Astrochelys radiata* がいる（**図 6-16**）。このカメは南部の半砂漠有棘林に生息する。

　マダガスカルにはこのほかにクモノスガメ *Pyxis arachnoides* というリク

第6章 マダガスカルの現生鳥類、および爬虫類と両生類

▲図 6-15 マダガスカルの北に位置するセーシェル諸島アルダブラ環礁に生息するアルダブラゾウガメ *Aldabrachelys gigantea*（リクガメ科） マダガスカルにも，以前はこれと近縁のゾウガメが 2 種生息していた．

▲図 6-16 ホウシャガメ *Astrochelys radiata*（リクガメ科；ベレンティにて） マダガスカルに現存するこのホウシャガメは，セーシェル諸島にいるアルダブラゾウガメやマダガスカルの絶滅したゾウガメと近縁なリクガメである．マダガスカルやセーシェルのリクガメ類は，アフリカ大陸から渡ってきた 1 つの共通祖先から進化したものと考えられる．

173

ガメがいる。ホウシャガメ属 Astrochelys とクモノスガメ属 Pyxis とは姉妹群の関係にあり、さらにホウシャガメ属＋クモノスガメ属がセーシェルゾウガメ属の姉妹群である。

　これらマダガスカルとセーシェルのリクガメは単系統のグループを形成し、その姉妹群がアフリカのリクガメになる[149]。マダガスカルのホウシャガメは Geochelone radiata と呼ばれていたが、リクガメ属 Geochelone はアフリカや南アメリカなどマダガスカルのリクガメと系統的には別のグループを含むことが明らかになったため、マダガスカルのものはホウシャガメ属 Astrochelys と呼ばれるようになった。

　これらのことから、マダガスカルとセーシェルのリクガメは、その祖先がアフリカから海を渡ってマダガスカルあるいはセーシェルにやって来たあとで、さまざまな種に分化したものである。

■カエル

　マダガスカルにおける両生類の動物相も特異である。両生綱はカエルの仲間の無尾目、イモリの仲間の有尾目、アシナシイモリの無足目の3つのグループから構成されるが、マダガスカルには無尾目しか分布していないのである。

　有尾目は主に北半球に分布し、アフリカでもサハラ以南には分布しないので、マダガスカルにいないのは不思議ではない。しかし無足目は南半球に広く分布し、アフリカ、インド、さらにマダガスカルの北のセーシェル諸島にも分布するので、なぜマダガスカルにいないのかは謎である[150]。マダガスカルではおよそ300種の両生類（すべてがカエル）が記載されているが、この数は日本で記載されている両生類71種に比べるとはるかに多い。そのなかで、マダガスカルカエル科 Mantellidae（口絵19）がマダガスカル固有の科であり、143種とマダガスカルでは最も種数の多い科である。

　マダガスカルカエル科のなかでは、キンイロアデガエルなどのアデガ

第6章 マダガスカルの現生鳥類、および爬虫類と両生類

エル属 *Mantella* のカエルは派手な色彩をもち（口絵 19*b*）、南アメリカのヤドクガエル科 *Dendrobatidae* のカエルと同様に皮膚にアルカロイドの毒をもつ。アデガエルのもつアルカロイドはアリのものと同じであり、アデガエルはアリを食べることによってこの毒を蓄積するものと考えられる[151]。

　マダガスカルカエル科の多様な種は系統的に1つのグループとしてまとまる。当時ベルギーのブリュッセル自由大学に在籍していたフランキー・ボシュイ Franky Bossuyt とミシェル・ミリンコヴィッチ Michel Milinkovitch の初期の分子系統解析から、マダガスカルカエル科の姉妹群がアオガエル科 Rhacophoridae であることが分かってきた[152]。アオガエル科は日本にも分布するが（図 6-17）、分布の中心はインドなど南アジアであり、一部はアフリカにも分布する。このことから、ボシュイとミリンコヴィッチはアオガエル科の出インド起源説を唱えたのである。第1章で、白亜紀の長い期間インドとマダガスカルはインディガスカル陸

▲図 6-17 アオガエル科のモリアオガエル *Rhacophorus arboreus*　この種は日本に分布するが，アオガエル科はアジア南東部からアフリカに分布する．

175

塊としてつながっていたことを紹介した。ところが、白亜紀の末期、今からおよそ 7500 万年前までにインドがマダガスカルから分かれて北上を開始した。

インドはその後、4500 万年前頃にアジアと陸続きになった。マダガスカルとインドがつながっていた頃、マダガスカルカエル科とアオガエル科の共通祖先がそこに生息していたが、7500 万年前に 2 つの陸塊が分かれたことに伴って、マダガスカルに残ったマダガスカルカエル科とインドに乗って運ばれたアオガエル科がそれぞれ独自に進化するようになったと考えられるのである。4500 万年前にアジアとつながったあと、それまで島であったインドで進化したアオガエル科のカエルが、アジア各地やアフリカ（その後アフリカもアジアと陸続きになった）に進出したというのが、出インド起源説である。この仮説が成り立つためには、マダガスカルカエル科とアオガエル科の分岐がマダガスカルとインドが分かれたおよそ 7500 万年前とほぼ一致する必要がある。カエルの進化の歴史は長いので、時間的にもこの仮説は十分成り立ち得ると考えられる[147]。ところが、マダガスカルに生息するカエルのなかには、そのようなシナリオでは説明できないものもいる。マダガスカルクサガエル属 *Heterixalus* のカエルである（口絵 20）。クサガエル科 Hyperoliidae のカエルはサハラ砂漠以南のアフリカに分布しており、その一部がマダガスカルクサガエル属としてマダガスカルに分布している。マダガスカルのグループがアフリカの仲間から分かれたのはおよそ 3000 万年前と考えられるので、祖先が海を渡ってアフリカからマダガスカルにやって来たとしか考えられないのである[147, 153]。一般にはカエルは塩分濃度に対する耐性が低いと考えられているので、海を越えた移住は考えにくいとされている。しかし、東南アジアのマングローブに生息するカニクイガエルは、海水濃度に耐えられることが知られているので[154]、海を越えた移住も意外と可能だったのかもしれない。

マダガスカルに生息するアフリカアカガエル科の *Ptychadena mascarensis* というカエルもまた、祖先がアフリカから海を越えて渡ってきたと考

えられる（**口絵 21**）。アフリカアカガエル科のカエルは、*Ptychadena mascarensis* 以外はサハラ以南のアフリカに分布する。この種は最初ヒトがアフリカからマダガスカルに持ち込んだものと考えられた。

　ところが、DNA 解析の結果、アフリカのものとは遺伝的に非常に離れており、しかも移入種と考えるにはマダガスカル集団内の遺伝的多様性が高すぎることが明らかになってきた[150]。従って、この種もまた、祖先がアフリカから海を渡ってきたと考えられるのである。

第7章　マダガスカルの節足動物

　第1章でダンゴムシに似たマダガスカルミドリオオタマヤスデの遺伝子がマダガスカルとインドの結びつきを語っていることを紹介した。ここでは昆虫を中心に、この島のそのほかの節足動物を紹介しよう。

■ダーウィンが予言したガ

　マダガスカルには、1000種以上のランが自生しているが、そのなかに図7-1のように距という非常に長い管の先に蜜がたまるようになっている花をもったものがある。アングレーカム・セスキペダレ *Angraecum sesquipedale* である。19世紀に園芸植物としてイギリスに入ってきたこの花を見たダーウィンは、マダガスカルにこんなに長い距をもつランがあるからには、そこにはきっとこの距の奥にまで届くような長い口吻をもつガがいるに違いないと予言した。少なくとも25〜28 cmの長さの口吻をもったガがいるというのだ。この花はそのようなガに花粉を運ん

▲図7-1　アングレーカム・セスキペダレ *Angraecum sesquipedale*（ラン科）　このランの花は長い距をもち，その奥に蜜をためる．

でもらって、同じ種類のほかの花のめしべに受粉するのを助けてもらっているはずだと考えたのだ。この考えはダーウィンが 1862 年に出版した『英国産および外国産ラン類の昆虫による受粉』[155] のなかで述べられている。

しかし、当時イギリスの政治家であり、知識人としても有力であったアーガイル公爵 Duke of Argyll は、ダーウィンの進化論を批判する本を出版し、そのなかでそんなガがいるはずがないとダーウィンの考えを嘲笑した。それに対してウォーレスはその本の書評を書いて、アーガイル公爵の議論を批判し、ダーウィンを擁護した[156]。ウォーレスはダーウィンが予言したガはスズメガの一種だと考え、その書評にそのガが長い口吻を伸ばしてアングレーカム・セスキペダレの花の蜜を吸っている挿絵を挿入し、ガの発見に期待を寄せた（http://lhldigital.lindahall.org/cdm/ref/collection/darwin/id/800）。

ダーウィンはその後 1877 年に『英国産および外国産ラン類の昆虫による受粉』の改訂版を出しているが、そのなかで「ブラジルではそのくらいの長さの口吻をもったガが見つかっているので、マダガスカルにもいるはずだ」と付け加えている。

ダーウィンの死後 1903 年になって、彼とウォーレスが予言した通りにマダガスカルで 30 cm の口吻をもったスズメガが見つかった（**図 7-2**）。

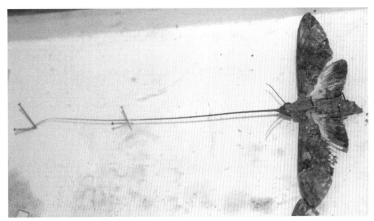

▲図 7-2　キサントパンスズメガ *Xanthopan morganii praedicta*（スズメガ科）

実は同種のガはアフリカにも分布しているが、マダガスカルのものはアフリカのものにくらべてはるかに長い口吻(こうふん)をもっている。そのため、マダガスカルのものには別亜種としてキサントパン・モルガーニ・プレディクタ *Xanthopan morganii praedicta*、つまり「予言されたもの (*praedicta*)」という亜種名がつけられたのだ[157]。

　ウォーレスの書評を読んだダーウィンはさっそくウォーレスに宛てて自分を弁護してくれたことへのお礼の手紙を書いているが、そのなかで書評に載ったガの絵について「絵描きさんがスズメガをもう少し上手に描いてくれたらよかったですね」と述べている。その時点では、そのようなガは見つかっていなかったのだから、ダーウィンは無理な注文をしたものだと思うが、今森光彦さん[158]やフィリップ・ハウス[159]の本に載っている空中の一点に留まりながら（ホバリングという）長い口吻を伸ばしてアングレーカム・セスキペダレの花の蜜を吸っているキサントパン・モルガーニ・プレディクタの見事な写真を見たら、ダーウィンも感激したことであろう。

　アングレーカム・セスキペダレの長い距とキサントパン・モルガーニ・プレディクタの長い口吻は、互いに相携えながら進化したはずである。これを共進化という。ランの立場に立てば、雑多な植物の花粉を運ばれてくるのでは、受粉の効率が悪い。自分と同じ種の花粉だけを運んでくれる動物が望ましいわけである。一方、ガにとっては、自分だけが花の蜜にありつけるようになることが望ましい。かくして長い距をもったランと唯一その花の蜜を吸うことができるような長い口吻をもったガが進化したわけである。

　お互いにこれほどまでに依存しあう関係は、一歩間違うと危ういものになる。一方が絶滅すると、もう一方も同じ運命をたどらなければならなくなるという運命共同体だからである。ゲーテは「形態の極度の完璧は、極度の脆弱さを作り出す」と述べたという。現代社会におけるヒトとネット社会の関係にもこれに似たところがある[160]。

　およそ4億年前に節足動物の仲間の甲殻類のなかからトビムシのよう

に陸上に進出するものが現われ、それが空を飛ぶようになり昆虫に進化した。空を飛ぶようになった動物は、昆虫が最初だった。花を咲かせる顕花植物はそれよりも遅れて誕生したが、そもそも美しい花が進化したのは昆虫などを引きつけて受粉を助けてもらうためだったと考えられる。およそ1億4000万年前の白亜紀前期以降、ハチやチョウ・ガなど現在でも顕花植物の受粉に重要な役割を果たしている昆虫と顕花植物の間の共進化が特に顕著に見られるようになってくる。アングレーカム・セスキペダレとキサントパン・モルガーニ・プレディクタの間の共進化は、その究極のかたちと考えられる。

　ところで、キサントパン・モルガーニなどスズメガの多くの種は、飛行中に翅の角度を調節して上向きの揚力を得て、空中の一点にとどまったまま花の蜜を吸うホバリングができる。ホバリングは止まるための適当な場所がない場合でも蜜が吸える利点があるだけでなく、常に体温を高く維持できるので、無防備な時間を減らすことができる。いったん止まってしまうとウォームアップが完了するまで飛び立つことができないので、捕食者に対するリスクが大きいのである[159]。

▲図7-3　**ホシホウジャク** *Macroglossum pyrrhosticta*（スズメガ科；さいたま市にて）

181

図 7-3 は日本でも普通に見られるスズメガ科のホシホウジャクである。口吻の長さはキサントパン・モルガーニ・プレディクタにはかなわないが、ホバリングしながら口吻を伸ばしてコスモスの花の蜜を吸っている。彼らもこのように1つの花に留まっている時間は非常に短く、常に別の花へと飛び回って、捕食者から逃れている。

ガとチョウは鱗翅目に分類されるが、彼らは幼虫の時期には食草などを噛むことができる口器をもつが、成虫になるとたいていはストローのような口吻しかもたない。昆虫

▲図 7-4　マダガスカルオナガヤママユ *Argema mittrei*（ヤママユガ科；ペリネにて）

の口器は変形しやすい材料であるクチクラで作られており、硬い歯から鱗翅目の成虫のもつ花の蜜を吸い出す口吻にまで様々に変化する。鱗翅目の系統樹のなかで最初にほかから分かれたコバネガ科だけは、口吻ではない噛むことのできる口器をもっており、それを使って花粉を食べる[161]。ガとチョウ以外で花を訪れる昆虫はたいてい花の蜜だけではなく、花粉も食べるが、コバネガ科以外の鱗翅目は、蜜だけを吸うように特殊化したのである。一方、顕花植物のほうでは、系統樹の根元から最初に派生したモクレンの仲間の花は蜜を出さない。従って、昆虫はもともと花粉を目当てに花を訪れていたが、モクレン以外の植物の側でもっとたくさんの昆虫を引きつけるように、蜜を作るように進化したものと考えられる。

■そのほかの節足動物

　口絵22のマダガスカルタテハモドキは、マダガスカル以外にモーリシャス、ロドリゲス、レユニオン、コモロ、セーシェルなどインド洋の島々にも分布する。翅の表の青色は色素によるものではなく、カメレオンの項でも出てきた「構造色」と呼ばれるものである。南アメリカのモルフォチョウの青い美しい輝きもこれである。青い色素をもったチョウはほとんどおらず、青色はたいてい鱗粉の表面で反射・回折した光によって生み出されるものである。マダガスカルタテハモドキの翅の表は、光の当たり具合や見る角度によって青色から赤紫色に変化する。シャボン玉が様々な色に見えるのも同じ原理である。一方、翅の裏側は全く違った白っぽい色になっている。口絵22bはマダガスカルタテハモドキのオスであり、表側の目玉模様は後翅に1つしかないが、メスでは後翅に2つある。

　口絵23はアンテノールジャコウアゲハであり、日本にも分布するジャコウアゲハと同属である。このジャコウアゲハ属は主にアジアに分布し、アフリカにはいない。これがなぜマダガスカルに分布するのかはよく分からない。図7-4のマダガスカルオナガヤママユ（ヤママユガ科）は後翅に長く伸びた尾をもつが、これは強風にあおられながら飛び続けるのに役に立っているといわれている。

　口絵24のニシキオオツバメガ *Chrysiridia ripheus* はマダガスカル固有の美しいガであり、世界で一番美しいガと称されることもある。*Chrysiridia* 属にはもう一種ナミガタニシキオオツバメガ *C. croesus* という東アフリカの固有種があり、この属の姉妹群が南アメリカの *Urania* 属だと考えられる。ニシキオオツバメガの美しさも構造色によるものであるが、発見当初はアゲハチョウ属 *Papilio* に分類されていた。しかしチョウの触角は普通先が膨らんでこん棒状になっているが、この場合は先がとがっていてガの特徴をもっている。ただし、このような触角の特徴だけでチョウとガがはっきりと分けられるわけではない。

　ニシキオオツバメガの幼虫の食草は、有毒なアルカロイドを含むトウダ

イグサ属 *Euphorbia* の植物であるため、成虫になってもその毒を保持する。美しい色は捕食者に対する警告だと考えられる。口絵25のキマダラドクバッタもマダガスカルの固有種であるが、トウダイグサ属など毒性の強い植物を食べることで体内に毒を蓄積させている。この毒々しい色もまた、捕食者に対する警告であろう。

　口絵26のキリンクビナガオトシブミのオスは長い首をもった特異なかたちのオトシブミで、マダガスカルの固有種である。種小名の *giraffa* はキリンから来ており、まさにキリンの首であるが、メスの首はこれほど長くない。オスもメスも体全体が黒く、翅だけが赤い。オスはこの長い首をメスをめぐるオス同士の争いに用いる。また長い首は葉を巻いて巣を作るのにも使われ、そのなかにメスが卵を1個だけ産みつける。

　口絵27のオオベニハゴロモもマダガスカルの固有種である。幼虫は白く、成虫は紅色であり、このように群れていることが多い。幼虫は腹部からロウ状の物質を出して身にまとう。マダガスカルでは多くの昆虫が食用にされているが、オオベニハゴロモもその1つである。この虫は樹液を吸うので、食べると甘みがあっておいしいという[18]。

▲図7-5　マダガスカルジョロウグモ *Nephila inaurata madagascariensis*（ジョロウグモ科；ベレンティにて）

第7章 マダガスカルの節足動物

▲図7-6 カワリサソリ *Heteroscorpion* sp.（カワリサソリ科；ベレンティにて）

　マダガスカルジョロウグモ（*Nephila inaurata*：クモ形綱ジョロウグモ属；図7-5）は、同種がマダガスカルのほかに南アフリカ、セーシェルなどに分布する。またこの種が属するジョロウグモ属は南アメリカ、オーストラリア、東南アジア、アフリカなど広く世界中に分布する。たくさんのジョロウグモ属の種のなかで、マダガスカルジョロウグモの姉妹群が、南アメリカの *Nephila clavipes* である[162]。これはクモの移動能力の高さを示しているのであろう。クモの仲間には糸を出して風に乗って何千メートルもの上空に上がって長距離を移動できるものが多いのである。
　マダガスカルだけに分布するカワリサソリ科（クモ形綱）はカワリサソリ属のみで構成されているが、およそ5種が含まれる（図7-6）。
　このほかに、マダガスカルの人々にとって食料として重要な節足動物にマダガスカルザリガニ属 *Astacoides*（甲殻亜門十脚目）があり（図7-7*a*）、道端で売られているのがよく見られる（図7-7*b*）。マダガスカルザリガニ属には7種が記載されているが、この属のものはすべてマダガスカル固有種である。マダガスカルザリガニ属は南半球の大陸に分布するミナミザリガニ科 Parastacidae に属する。アフリカ大陸にはザリガニは分布しないが、南アメリカ、オーストラリア、ニュージーランドなどに分布する。

185

▲図7-7a　マダガスカルザリガニ　*Astacoides* sp.（ミナミザリガニ科；ペリネ近く）

▲図7-7b　マダガスカルザリガニ　*Astacoides* sp.（ミナミザリガニ科；ペリネ近く）　道路わきにこのようにマダガスカルザリガニが並べて売られている．

第 7 章　マダガスカルの節足動物

　分子系統解析によると、ミナミザリガニ科はおよそ 1 億 8000 万年前頃にまだ分裂を開始する前のゴンドワナ超大陸で生まれ、およそ 1 億 4600 万年前にマダガスカルザリガニ属がオーストラリアとニュージーランドに分布するグループから分かれたと推測される[163]。1 億 6000 万〜1 億 2100 万年前にインディガスカル（マダガスカル＋インド）がオーストラリア＋南極＋ニュージーランドと分かれたとされているので、この結果はザリガニの種分化が大陸の分断とともに進行したことを示唆する。ザリガニは淡水生なので、海を越えた移住は難しいのであろう。ニュージーランドのキーウィとマダガスカルの象鳥の関係に一見似ているが、走鳥類の進化にくらべてザリガニの進化ははるかに古いので、大陸の分断と結びつけられるのである。このように、進化のシナリオを描くには、分岐の順番だけでなく、分岐年代を正しく捉えることが必須である。

　第 1 章で出てきたタマヤスデの例もあるように、進化の歴史の古い節足動物では、このように大陸移動が進化と直接関わっている例が今後もっとたくさん見つかるかもしれない。しかしながら、淡水生のカニであるサワガニ上科 Potamoidea に関しては、現在の分布は大陸の分断では説明できないという[164]。

第 8 章　マダガスカルの植物

■バオバブ

　バオバブはマダガスカルを代表する植物の1つであろう。この仲間の植物はアオイ目アオイ科バオバブ属 *Adansonia* に分類される。マダガスカル

▲図8-1　マダガスカル最大のバオバブであるディディエバオバブ（*Adansonia grandidieri*；マダガスカル西部のムルンベ近く）

第 8 章　マダガスカルの植物

には少なくとも 6 種（分類の仕方で 7 種とする考えもある）、アフリカとオーストラリアにそれぞれ 1 種ずつ分布している。

マダガスカルで最大のバオバブは、ディディエバオバブである（図 8-1）。同じ種であっても、育つ環境によってかたちは大きく異なる。それほど乾燥が厳しくない川の近くでは高くそびえるように伸びるが（図 8-2）、乾燥が厳しいところではずんぐりした樽型になる（図 8-3）。

ディディエバオバブはマダガスカル西部に分布する。西部にはそのほかにフニーバオバブがある（図 8-4）。北部にはマダガスカルバオバブ（図 8-5）、ディエゴバオバブ（図 8-6）、ペリエバオバブ（図 8-7）、さらに西部から南部にかけてはザーバオバブ（図 8-8）が分布する。

このようにマダガスカルには多様なバオバブがあるが、世界中でこのほかにはアフリカにアフリカバオバブ（図 8-9）、オーストラリアにオーストラリアバオバブと、それぞれ 1 種ずつしか分布していない。このようにマダガスカルだけでバオバブの多様性が非常に高いことから、この植物はもともとマダガスカルで進化し、その一部がアフリカやオーストラリアに

▲図 8-2　ディディエバオバブ *Adansonia grandidieri.*（水辺型）　マダガスカル西部ムルンベ付近のマングキ川沿い．バオバブは乾季にはこの写真に見られるように葉を落とすが，枝や幹の薄い周皮の下には葉緑体があり，光合成を続けている[128].

189

▲図8-3 ディディエバオバブ *Adansonia grandidieri*（乾燥地型） 同種であっても，強い乾燥状態におかれると，水辺型とは違ってこのような樽型になる[165]．マダガスカル西部ムルンベ付近の乾燥地帯にて．

▲図8-4 マダガスカル西部ムルンダヴァ付近のフニーバオバブ *Adansonia fony* 2本の幹が絡み合っていて，通称「愛のバオバブ」と呼ばれる．

分布を拡げたのではないかと考えられた。ところが分子系統学的な解析からは、マダガスカルの固有種は系統的に1つのグループにまとまり、マダガスカルグループがアフリカやオーストラリアのバオバブと分かれたのが、2300万年前から始まる中新世に入ってからであることが明らかになってきた[86]。アフリカやオーストラリアのバオバブがマダガスカルの特定の種と近縁であるならば、マダガスカルで進化したものが分布を拡げたという可能性が高くなるが、実際の系統関係はそのようにはならない。従って、そもそもバオバブがどこで進化したかは謎である。さらに、なぜマダガスカルでだけバオバブの多様化が起こったのか、興味は尽きない。

マダガスカルではバオバブの種子のまわりのパルプ質の種衣を食べるだけでなく（図5-20）、人々は生活の中でバオバブをさまざまなかたちで

第 8 章　マダガスカルの植物

▲図 8-5　マダガスカル北部アンツィラナナ（ディエゴスアレス）近くの海岸のマダガスカルバオバブ *Adansonia madagascariensis*

▲図 8-6　ディエゴバブ *Adansonia suarezensis*　マダガスカル北部アンツィラナナ（ディエゴスアレス）近くの石灰岩地に自生する．

利用している。図 8-8 のように樹皮をはがされたバオバブをしばしば見かけるが、はがした樹皮で屋根をふいたり、壁材として使い、さらには細かく裂いてロープを編んだりする。また、薬や石鹸としても使われる。バオバブは長い乾季を耐えるために、幹や枝に水分を大量に蓄える。軟組織に蓄える水分は、65 ％ にもなるという。そのため、旱魃でゼブーなど家畜の餌が足りないときに枝を切り取ったり、幹をえぐったりして、これを食べさせることがある[128]。バオバブの幹はやわらかいので、太い幹でもサイクロンなどで折れてしまうことがある（図 8-10）。

■乾燥に適応した植物

　バオバブは幹や枝に水を蓄えるという話をしたが、これは乾燥に対する適応である。同じように乾燥に適応した植物は、マダガスカルの西部、南部、中央高地の岩山などでたくさんの種類が見られる。図 1-6 や図 1-7 で

191

▲図8-7 マダガスカル北部石灰岩地に生えるペリエバオバブ *Adansonia perrieri* 幹はあまり太くない．

◀図8-8 マダガスカル西部から南部にかけて分布するザーバオバブ *Adansonia za* 人々が利用するために樹皮がはがされている．

示したディディエレア科はマダガスカルで多く見られるこのような植物の1つのグループである。ディディエレア科の植物には、図8-11のように幹に棘の生えたものが多い。この棘はサボテンのものに似ているが、サボテンの棘は葉が変化したものであるのに対して、ディディエレアの棘は樹皮の一部が突出したものである。ディディエレア科の植物は、マダガスカル南西部から南部にかけて広がる半砂漠有棘林で

第 8 章　マダガスカルの植物

▲図 8-9　アフリカに分布するアフリカバオバブ *Adansonia digitata*（南アフリカ）

多く見られる。

　図 8-12 の植物も幹に棘をもちサボテンに似ているが、全くの別物でトウダイグサ属 *Euphorbia* である。トウダイグサ属は世界の熱帯から温帯に広く分布するが、このようにサボテンに似たものがマダガスカルやアフリカに分布する。トウダイグサ属は世界中で 1700 種あるが、そのうちおよそ 130 種がマダガスカルで見られる。一方、サボテン科は南北アメリカ固有の植物であるが、例外が 1 つある。リプサリス属 *Rhipsalis* である（図 8-13）。この属はアメリカ以外にアフリカ、マダガスカル、スリランカにも分布する。なぜこの属だけがこのように広く分布するのかは謎である。リプサリス属の多くの種は、サボテンでありながら棘をもたない。

　パキポディウム属 *Pachypodium* は幹が樽のようにふくらんでいて、そこに水を蓄え乾季を乗り切る（図 8-14）。図 8-3 のディディエバオバブのようにバオバブにも樽型になるものがあるが、乾燥地で発達したこのような植物を bottle tree と呼ぶ。この属はマダガスカルとアフリカに分布する。このように幹、葉、根などの内部の柔組織に水を蓄える植物を総称して多

▲図 8-10 サイクロンで幹が折れたディディエバオバブ Adansonia grandidieri（ムルンダヴァ）

肉植物という。パキポディウム属にも棘をもったものが多い。

アロエ属 Aloe もマダガスカルとアフリカに分布する多肉植物であるが、肉厚の葉に水を蓄える（図8-14）。カランコエ属 Kalancoe も多肉質の葉をもち、およそ2/3の種がマダガスカル産であるが、アフリカ、インド、東南アジアにも分布する（図8-15）。クセロシキオス Xerosicyos もまた多肉質の葉をもつウリ科の植物である（図8-16）。ウリ科はスイカやカボチャのように葉が薄くて大きいのが普通であるが、マダガスカル固有のクセロシキオス属はウリ科のなかでは異例の多肉質の葉をもつ。

▲図8-11 ディディエレア Didierea sp.（ディディエレア科；チュレアールにて）

第 8 章　マダガスカルの植物

■マダガスカルにおけるそのほかの植物

マダガスカル原産の植物のなかでよく知られているものに、バナナに似た葉のタビビトノキ *Ravenala madagascariensis* がある（図 8-17*a*）。バナナと同じショウガ目に属する。タビビトノキという名前は、水に困った旅人がこれから水を得たことに由来すると考えられる。図 8-17*b* のように、実際ある植物園で案内の人がナイフを刺したら水がほとばしった。しかしこの植物が育つ場所は、その名前から想像されるような草原や乾燥地帯ではなく、旅人が水に困るような場所ではないという[13]。

意外な動物がこの植物と深く関わっている。エリマキキツネザルである（図 8-18）。このサルはタビビトノキの花の中に長い鼻先を突っ込んで蜜をなめる。タビビトノキの花はかたい苞葉に包まれているので、これを引きちぎらないと蜜にありつけないが、これができるのがエリマキキツネザルなのだ。この

▲図 8-12　トウダイグサ *Euphorbia* sp.（トウダイグサ科；ツインギ・ド・ベマラハにて）

▲図 8-13　日本ではリプサリス東天紅 *Rhipsalis tonduzii* と呼ばれる園芸植物　棘はないが，サボテン科である．この種はコスタリカ原産であるが，マダガスカルにもこれと同じようなリプサリス属が分布している．

195

▲図 8-14 アロエ *Aloe* sp.（ススキノキ科；手前）とパキポディウム・ロズラーツム *Pachypodium rosulatum*（キョウチクトウ科）（中央高地イサルにて）パキポディウムには棘の生えた種も多い.

ときエリマキキツネザルの鼻に花粉がつくので、別のタビビトノキで蜜をなめるときに受粉するというわけである。タビビトノキとエリマキキツネザルの間のこのような関係も共進化によるものと考えられる[81, 166]。この2種はマダガスカル東部に分布し、分布が重なっているのである。送粉者の役割は通常鳥類やコウモリ類が果たしているが、マダガスカルではキツネザルも重要な役割を果たしている。エリマキキツネザルは舌先で蜜をなめとるだけで花を食べることはないという[80]。

口絵4の系統樹曼荼羅に出てきたクロキツネザルもまた、タビビトノキの送粉に関与しているらしい。デイビッド・アッテンボロー[167]のBBCテレビ

▲図 8-15 カランコエ *Kalancoe* sp.（ベンケイソウ科；ベレンティにて）

第 8 章　マダガスカルの植物

◀図8-16　クセロシキオス *Xerosicyos* sp.（ウリ科；チュレアール近郊にて）

番組では、クロキツネザルがタビビトノキの花の蜜をなめている様子がとらえられている。コウモリやネズミなど小さな哺乳類が送粉に関与している例はたくさん知られているが、エリマキキツネザルやクロキツネザルのように比較的大きな哺乳類が関与しているのは珍しい。エリマキキツネザルもクロキツネザルも鼻が長く突き出していて、花のなかに顔を突っ込んで花の蜜をなめるのに都合が良くなっている。口絵 4 の下右寄りにはオス・メスのクロキツネザルが示されているが、オス・メスでこれほど色の違う霊長類は珍しい。

　マメ科のデロニクス属 *Delonix* はマダガスカルと東アフリカに分布するが、デロニクス・プミラ（図 8-19）をはじめとしてマダガスカルの固有種が多い。この属にも樽型の幹のものが多い。

　タマリンド *Tamarindus indica* もマダガスカルで見られるマメ科植物であるが、その実はさやのなかに酸味のあるやわらかい果肉と種子が入っているので、ワオキツネザルなどが好んで食べる（図 8-20）。アフリカ原産だと考えられているが、インド、東南アジア、アメリカ大陸などの亜熱帯および熱帯の各地で栽培されている。果肉を食べるためである。このようなことから、マダガスカルのタマリンドもヒトが持ち込んだものだと考えられていた。

　ところが分子系統学的な解析を行なってみると、マダガスカルのタマリンドの遺伝的多様性は非常に高く、ヒトが持ち込んだものとは考えられな

▲図8-17a　タビビトノキ *Ravenala madagascariensis*（ショウガ目ゴクラクチョウカ科；フォートドーファンの近くにて）

◀図8-17b　タビビトノキにナイフを突き刺すと，水がほとばしり出る

いということになった[168]。

　従って、ワオキツネザルはヒトがやってくる前から、この実を食べていたのであろう。マダガスカルでは、ワオキツネザルがタマリンドの種子散布に関与していると考えられる。

　口絵28のホウオウボクもマダガスカル原産のマメ科植物であり、燃え立つような真紅の花が咲く。濃い緑の葉と真紅の花のコントラストが、青空の炎天下では特に引き立つ。現在では世界各地の

第 8 章　マダガスカルの植物

▲図 8-18　エリマキキツネザル *Varecia variegata*　タビビトノキの送粉者として生態的に重要な役割を果たしていると考えられる．

▲図 8-19　デロニクス・プミラ *Delonix pumila*

熱帯地方で植えられている。

　モダマ Entada rheedei（図 8-21）もマメ科植物であるが、マダガスカル以外にアフリカ、インド、東南アジアなどに分布する。モダマ属 Entada は世界中の熱帯から亜熱帯地域に分布し、大きなマメができる。日本でも奄美、沖縄、八重山諸島で見られる。マメのさやは長さ1mにも達する。木質の堅いさやが海水に浮かんで漂流し、分布を広げたものと思われる。島泰三さんがヌシマンガベ島で野生のアイアイが何を食べているかを観察したところ、観察時間の 60 ％がラミーの実、35 ％がインシンの木の樹皮の内側、3 ％がムンギという木の花の蜜、2 ％が昆虫の幼虫、0.1 ％がモダマの豆だったという[169]。ヌシマンガベ島にはモダマが少ないらしいが、わずかとはいえ、この堅い豆を食べる動物がいるのだ。

　タコノキ属 Pandanus は沖縄、東南アジア、ポリネシアなどに分布するが、マダガスカルにも数種が分布する。沖縄のものはアダンと呼ばれるが、マダガスカルのパンダナス・プリンセス（図 8-22）はほかの地域で見かけるタコノキ属とはまるで違った樹形で、スギなどの針葉樹に似ている[13]。

▲図 8-20　好物のタマリンド Tamarindus indica（マメ科）の実を食べるワオキツネザル Lemur catta（ベレンティにて）

第8章　マダガスカルの植物

　ウツボカズラ属 Nepenthes は東南アジアに広く分布する食虫植物であるが、インド洋諸島にも分布し、マダガスカルウツボカズラ Nepenthes madagascariensis（図8-23）は分布の西端にあたる[170]。マダガスカルでは最近、N. masoalensis という新種も発見されている。丸くふくらんだ捕虫袋のなかに消化酵素を含んだ液がたまっていて、そこに落ちた虫を消化して栄養にする。しかしウツボカズラは次に紹介する腐生植物とは違って光合成能力は保持している。

■ヴァンタニ：腐生植物

▲図8-21　モダマ Entada rheedei（マメ科；ツインギ・ド・ベマラハにて）　実のさやは長さ1mに達する.

　マダガスカル南部や南西部の乾燥地の林床にヒドノラ Hydnora esculenta という奇妙な植物が分布している（図8-24a、-24b、-24c）。マダガスカルの現地名はヴァンタニ Voantany である[171]。地下茎が発達し、花だけが地上に現れる。葉はない。地上に現れた花のつぼみ（図8-24a）は一見キノコのように見えるが、実はモクレンに近いコショウ目の顕花植物なのである。生活するための栄養を光合成によって自分で作り出す能力を失ってしまい、寄生生活している。菌類と共生して栄養素を得ているので、腐生植物と呼ばれる。ヒドノラは当初同じ腐生植物であり、世界最大の花を咲かせることで有名なラフレシア（キントラノオ目）に近縁だと考えられていたが、分子系統解析の結果、モクレンに近いことが明らかになった。ヒドノラ科の腐生植物はマダガスカルのほかにアフリカ、アラビアなど

▲ 図 8-22 パンダナス・プリンセ
Pandanus princess(タコノキ科；イサロにて)
沖縄の海岸にも分布するアダンと同属の単子葉植物であるが，マダガスカルの中央高地に生えるこの木のかたちはずいぶん沖縄のものとは違っている．

▲図8-23 マダガスカルウツボカズラ
Nepenthes madagascariensis（ナデシコ目ウツボカズラ属；フォートドーファンの近くにて）

にも分布する。

　マダガスカルにはこのほかにゲオシリス *Geosiris aphylla*「地のアヤメ」という腐生植物もある[172]。これはマダガスカルの固有属で、アヤメ科に属する。**図 8-25** のギンリョウソウは日本で見られる腐生植物であるが、こちらはツツジ、シャクナゲなどに近いツツジ目である。

　このように腐生植物は種子植物のいろいろな系統で独立に進化したものであり[173]、西ミシガン大学のトッド・バークマン Todd Barkman ら[174]によるとそのような進化は種子植物の歴史のなかで少なくとも 11 回は起こったと考えられる。自分で栄養を作り出す光合成能力はすばらしいものであるが、それに頼らずに生活していく方法を見つけ出したら、生物はそのような能力を簡単に捨ててしまうもののようである。

第8章 マダガスカルの植物

図8-24 地上に現れたヒドノラ Hydnora esculenta の，▲ a. つぼみ（ベレンティにて），◀ b. 花，▶ c. 枯れた花

■送粉や種子散布に果たすキツネザルの役割

　マダガスカルではキツネザルが花粉を運ぶ送粉者の役割を果たしていることを紹介した。普通送粉者の役割は、鳥やコウモリが果たしており、キツネザルのように比較的大型の哺乳類が関与している例は珍しい。またアイアイやほかのキツネザルがラミーの種子散布に関与したり、絶滅した巨大なキツネザルがバオバブなどの種子散布の手助けをしていた可能性にも触れた。これに関連して島泰三さんが面白い説をとなえておられるので、これを紹介しておこう[175]。

　植物学者の川又由行さんによれば、オーストラリアでは果実は派手な色で鳥を誘っているが、マダガスカルの果実の色は地味で、匂いでキツネザルを誘っているという。島さんによると、マダガスカルでは鳥類がやってきて植物との関係を築く前にキツネザルがやってきて、いち早く種子散布者としての地位を確立したのではないかという。その証拠として、もともと祖先が夜行性だったキツネザルにとって色はあまり重要ではなく、マダ

203

◀図8-25 日本でも見られる腐生植物の一種ギンリョウソウ *Monotropastorum humile*（尾瀬にて）

ガスカルの果実には派手な色のものは見られないという。

■ **生き物のつながり**

　今日ではあたりまえのこととして受け入れられている考えであるが、どんな生き物もほかの種と密接に関わり合いながら生きている。ヨーロッパのキリスト教社会では、すべての生き物は神がヒトのために創られたもので、ヒトが生物界の中心に位置すると考えられていた。
　ところがドイツのアレクサンダー・フォン・フンボルト（1769-1859）は、18世紀末の1799年から1804年にかけて南北アメリカを探検し、すべての種がほかの多くの種と密接に関わり合いながら生きていることに気がついた。「生態的なつながり」である。そのなかでは、ヒトは決して中心に位置しているわけではなく、たくさんの種の1つに過ぎない。また1つの種の絶滅が、ほかの多くの種の存続に影響することを彼は認識したのである[176, 177]。
　彼の著作はその後の19世紀の博物学者たちに大きな影響を与えた。ダーウィンがビーグル号に乗って南アメリカなど世界各地を回った際や、またウォーレスが南アメリカや東南アジアで多様な生き物を見て回った際にも、フンボルトの著作は彼らに大きな影響を与えた。そして彼らは、多様な生き物の間には、「生態的なつながり」があるだけではなく、「遺伝的なつながり」つまり「祖先・子孫の関係を通じたつながり」があることを見出したのである。
　フンボルトの見出した「生態的なつながり」は、1つの種の絶滅がほかの多くの種の絶滅を引き起こすことを警告しているが、ダーウィンと

ウォーレスの「遺伝的なつながり」は、1つの種の絶滅がその種が将来生み出す無限の可能性の芽を摘み取ってしまうことを警告している。

おわりに

　2003年に植物学者の湯浅浩史さんに連れていただいてマダガスカルの各地を回って以来、合計8回この島を訪れた。このような本を書くにはまだ十分の経験を積んだとはいえないかもしれないが、本書ではこの島の自然とその歴史の紹介を通じて、進化生物学の基本的な考えかたを解説することを試みた。
　現在のマダガスカルにはアフリカのサバンナで見られるようなゾウやキリンのような大型獣はいないし、ライオンのような大型肉食獣もいない。マダガスカル最大の肉食獣といっても、体重がせいぜい12 kg程度のフォッサである。危険な動物といってもナイルワニくらいである。近年は日本からもマダガスカルを訪れる観光客が多いが、なかにはアフリカのサファリとくらべて物足りないと感ずるひともいるかもしれない。しかし、自然のなかに身を置いてじっくりと観察すれば、多様なキツネザル、テンレック、カメレオンなどの存在に驚嘆するであろう。
　確かにマダガスカルに定着できた動植物のグループは多くはないが、それぞれのグループのなかでの多様性には目を見張るものがある。定着できたグループが少ない分、それを埋め合わせるように、それぞれのグループのなかから多様な種が進化したのである。進化の実験室と呼ばれる所以である。一見自由に空を飛んで移動できるように見える鳥でさえも同様なことが見られる。多様なオオハシモズもそのような一例である。
　マダガスカルに定着できたグループが少ないのは、この島が大陸から離れて長い間孤立していたからであり、少ないグループからこれほどまでに多様な種が進化したのは、マダガスカルが島といっても小大陸と呼べるような広さをもち、気候的にも多様な地域を抱えているからである。多くの

ひとがこの島を訪れて、さまざまな環境に生きる動植物を自分の目で見てほしい。そうすれば、この島の生き物たちがどのような由来をもっているかをきっと知りたいと思われるであろう。そんなときに、本書が少しでも役立つことがあれば、筆者としては最高の喜びである。進化生物学についてもっと知りたい方は、インターネット「科学バー」http://kagakubar.com/ で筆者が連載中の「進化の歴史―時間と空間が織りなす生き物のタペストリー」をご覧いただきたい。

　本書のなかで重要なテーマである象鳥の研究は、象鳥会議の多くの方々のおかげで論文発表までこぎつけることができた。小池裕子さん、小宮輝之さん、倉林敦さん、Andy Shedlock さんには写真を提供していただき、山岸哲さんには**図 6-2** のオオハシモズの図の転載を許可していただいた。小田隆さんと菊谷詩子さんには、それぞれ表紙、**口絵 8** と**図 4-11** のイラストを描いていただいた。島泰三さん、平山廉さん、吉田彰さんには草稿における間違いを指摘していただき、また多くのことを教えていただいた。木幡赳士さんには編集を担当していただき、多くの適切な助言と励ましをいただき、骨の折れる作業を行なっていただいた。これらの方々に深く感謝申し上げます。

2018 年 9 月吉日

　　　　　　　　　　　　　　　　　　　　　　　　　　　　筆者

参　考　文　献

(1) dos Reis, M., Inoue, J., Hasegawa, M., Asher, R. J., Donoghue, P. C. J., Yang, Z. (2012) *Phylogenomic datasets provide both precision and accuracy in estimating the timescale of placental mammal phylogeny.* Proc. Roy. Soc. London B. 279, 3491 - 3500.
(2) Federman, S., Dornburg, A., Daly, D. C., Downie, A., Perry, G. H., et al. (2016) *Implications of lemuriform extinctions for the Malagasy flora.* Proc. Natl. Acad. Sci. USA 113, 5041 - 5046.
(3) Poux, C., Madsen, O., Glos, J., de Jong, W. W., Vences, M., 2008. *Molecular phylogeny and divergence times of Malagasy tenrecs: Influence of data partitioning and taxon sampling on dating analyses.* BMC Evol. Biol. 8, 102.
(4) Eizirik, E., Murphy, W. J., Koepfli, K. -P., Johnson, W. E., Dragoo, J. W., et al. (2010) *Pattern and timing of diversification of the mammalian order Carnivora inferred from multiple nuclear gene sequences.* Mol. Phylogenet. Evol. 56, 49 - 63.
(5) Yonezawa, T., Segawa, T., Mori, H., Campos, P. F., Hongoh, Y., Endo, H., Akiyoshi, A., Kohno, N., Nishida, S., Wu, J., Jin, H., Adachi, J., Kishino, H., Kurokawa, K., Nogi, Y., Tanabe, H., Mukoyama, H., Yoshida, K., Rasoamiaramanana, A., Yamagishi, S., Hayashi, Y., Yoshida, A., Koike, H., Akishinonomiya, F., Willerslev, E., Hasegawa, M. (2017) *Phylogenomics and morphology of extinct paleognaths reveal the origin and evolution of the ratites.* Curr. Biol. 27, 68 - 77.
(6) Tolley, K. A., Townsend, T. M., Vences, M. (2013) *Large-scale phylogeny of chameleons suggests African origins and Eocene diversification.* Proc. Roy. Soc. B 280, 20130184.
(7) Holt, B. G., Lessard, J. -P., Borregaard, M. K., Fritz, S. A., Araújo, M. B., et al. (2013) *An update of Wallace's zoogeographic regions of the world.* Science 339, 74 - 78.
(8) デイヴィッド・N・レズニック (2015)『21世紀に読む「種の起源」』(垂水雄二訳) みすず書房.
(9) Vidal, N., Marin, J., Morini, M., Donnellan, S., Branch, W. R., et al., 2010. *Blindsnake evolutionary tree reveals long history on Gondwana.* Biol. Lett. 6, 558 - 561.
(10) Ramaswamy, S. (2004) *The Lost Land of Lemuria.* Univ. Calif. Press.
(11) 島泰三 (2016)『ヒト —— 異端のサルの1億年』中央公論新社.
(12) Wesener, T., Raupach, M. J., Sierwald, P. (2010) *The origins of the giant pill-millipedes*

from Madagascar (Diplopoda: Sphaerotheriida: Arthrosphaeridae). Mol. Phylogenet. Evol. 57, 1184 - 1193.
(13) 湯浅浩史 (1995)『マダガスカル・異端植物紀行』日経サイエンス社.
(14) Craul, M., Zimmermann, E., Rasoloharijaona, S., Randrianambinina, B., Radespiel, U. (2007) *Unexpected species diversity of Malagasy primates (*Lepilemur *spp.) in the same biogeographical zone: a morphological and molecular approach with the description of two new species*. BMC Evol. Biol., 7, 83.
(15) ニール・シェイ (2009)「マダガスカル・生き物を守る針岩の砦」ナショナルジオグラフィック. 11月号 36 - 57.
(16) Burney, D. A., Burney, L. P., Godfrey, L. R., Jungers, W. L., Goodman, S. M., et al. (2004) *A chronology for late prehistoric Madagascar*. J. Hum. Evol. 47, 25 - 63.
(17) Perez, V. R., Godfrey, L. R., Nowak-Kemp, M., Burney, D. A., Ratsimbazafy, J., Vasey, N. (2005) *Evidence of early butchery of giant lemurs in Madagascar*. J. Hum. Evol. 49, 722 - 742.
(18) 飯田卓、深澤秀夫、森山工 (2013)『マダガスカルを知るための62章』明石書店.
(19) Osman, S. A. -M., Yonezawa, T., Nishibori, M. (2016) *Origin and genetic diversity of Egyptian native chickens based on complete sequence of mitochondrial DNA D-loop region*. Poultry Sci. 95, 1248 - 1256.
(20) Burney, D. A., Robinson, G. S., Burney, L. P. (2003) Sporormiella *and the late Holocene extinctions in Madagascar*. Proc. Natl. Acad. Sci. USA 100, 10800 - 10805.
(21) Gill, J. L., Williams, J. W., Jackson, S. T., Lininger, K. B., Robinson, G. S. (2009) *Pleistocene megafaunal collapse, novel plant communities, and enhanced fire regimes in North America*. Science 326, 1100 - 1103.
(22) Avise, J. C. (2006) *Evolutionary Pathways in Nature - A Phylogenetic Approach*. Cambridge Univ. Press.
(23) 直海俊一郎 (1994)「分類学の黎明期における生物分類と種概念 ——リンネとアダンソンの分類理論を中心に」(同年、千葉県立中央博物館で開催された展示の図録『リンネと博物学 ——自然誌科学の源流』pp. 91 - 101, 千葉県立中央博物館に載録).
(24) チャールズ・R・ダーウィン (1859)『種の起源』(渡辺政隆訳、光文社、2009).
(25) Ragan, M. A. (2009) *Trees and networks before and after Darwin*. Biol. Direct 4, 43.
(26) Pietsch, T. W. (2012) *Trees of Life – A Visual History of Evolution*. Johns Hopkins University Press.
(27) Mindell, D. P. (2013) *The tree of life: metaphor, model, and heuristic device*. Syst. Biol. 62, 479 - 489.
(28) Archibald, J. D. (2014) *Aristotle's Ladder, Darwin's Tree – The Evolution of Visual Metaphors for Biological Order*. Columbia Univ. Press.
(29) Lima, M. (2014) *The Book of Trees - Visualizing Branches of Knowledge*. Princeton

Architec. Press.
(30) Haeckel, E. (1866) *Generelle Morphologie der Organismen*. Reimer, Berlin.
(31) 長谷川政美 (2014)『系統樹をさかのぼって見えてくる進化の歴史』ベレ出版．
(32) Hasegawa, M. (2017) *Phylogeny mandalas for illustrating the tree of life*. Mol. Phylogenet. Evol. 117, 168-178.
(33) Hasegawa, M., Kuroda, S. (2017) *Phylogeny mandalas of birds using the lithographs of John Gould's folio bird books*. Mol. Phylogenet. Evol. 117, 141-149.
(34) 立川武蔵 (2006)『マンダラという世界』講談社．
(35) Nikaido, M., Rooney, A. P., Okada, N. (1999) *Phylogenetic relationships among cetartiodactyls based on insertions of short and long interpersed elements: Hippopotamuses are the closest extant relatives of whales*. Proc. Natl. Acad. Sci. USA 96, 10261 - 10266.
(36) アリストテレス全集 7『動物誌（上）』(島崎三郎訳) p. 195、岩波書店．
(37) 木村資生 (1986)『分子進化の中立説』(向井輝美・日下部真一訳)、紀伊國屋書店．
(38) 木村資生 (1988)『生物進化を考える』岩波新書．
(39) Wang, Z., Yonezawa, T., Liu, B., Ma, T., Shen, X., Su, J., Zhou, D., Hasegawa, M., Liu, J. (2011) *Domestication relaxed selective constraints on the yak mitochondrial genome*. Mol. Biol. Evol. 28, 1553 - 1556.
(40) Miyata, T., Yasunaga, T.(1981) *Rapidly evolving mouse α-globin-related pseudogene and its evolutionary history*. Proc. Natl. Acad. Sci. USA 78, 450 - 453.
(41) 宮田隆 (2014)『分子からみた生物進化』講談社．
(42) 長谷川政美 (2011)『動物の起源と進化』八坂書房．
(43) Liu, Y., Cotton, J. A., Shen, B., Han, X., Rossiter, S. J., Zhang, S. (2010) *Convergent sequence evolution between echolocating bats and dolphins*. Curr. Biol. 20, R53 - 54
(44) Li, Y., Liu, Z., Shi, P., Zhang, J. (2010) *The hearing gene Prestin unites echolocating bats and whales*. Curr. Biol. 20, R55 - 56.
(45) Fitch, W. M., Margoliash, E. (1967) *Construction of phylogenetic trees*. Science 155, 279 - 284.
(46) Fitch, W. M. (1971) *Toward defining the course of evolution: minimum change for a specified tree topology*. Systematic Zoology 20, 406 - 416.
(47) Dayhoff, M. O., Eck, R. V. (1968) *Atlas of Protein Sequence and Structure 1967 - 1968*. National Biomedical Research Foundation, Silver Spring, Maryland.
(48) Schwartz, R. M., Dayhoff, M. O. (1978) *Origins of prokaryotes, eukaryotes, mitochondria, and chloroplasts*. Science 199, 395 - 403.
(49) Margulis, L. (1970) *Origin of Eukaryotic Cells*. Yale University Press, New Haven, CT.
(50) Felsenstein, J. (1981) *Evolutionary trees from DNA sequences: a maximum likelihood approach*. J. Mol. Evol. 17, 368 - 376.
(51) Kimura, M. (1980) *A simple method for estimating evolutionary rate of base*

substitution through comparative studies of nucleotide sequences. J. Mol. Evol. 16, 111 - 120.
(52) Hasegawa, M., Kishino, H., Yano, T. (1985) *Dating of the human – ape splitting by a molecular clock of mitochondrial DNA.* J. Mol. Evol. 22, 160 - 174.
(53) Yang, Z. (1994) *Estimating the pattern of nucleotide substitution.* J. Mol. Evol. 39, 105 - 111.
(54) Yang, Z. (2009)『分子系統学への統計的アプローチ ── 計算分子進化学』(藤博幸、加藤和貴、大安裕美訳) 共立出版.
(55) Yang, Z. (1994) *Maximum likelihood phylogenetic estimation from DNA sequences with variable rates over sites: approximate methods.* J. Mol. Evol. 39, 306 - 314.
(56) Felsenstein, J. (1978) *Cases in which parsimony and compatibility methods will be positively misleading.* Syst. Zool. 27, 401 - 410.
(57) Graur, D., Hide, W. A., Li, W. -H. (1991) *Is the guinea-pig a rodent?* Nature 351, 649 - 652.
(58) Hasegawa, M., Cao, Y., Adachi, J., Yano, T. (1992) *Rodent polyphyly?* Nature 355, 595.
(59) Akaike, H. (1973) *Information theory and an extension of the maximum likelihood principle.* Proceedings of the 2nd International Symposium on Information Theory, Petrov, B. N., and Caski, F. (eds.), pp. 267-281. Akadimiai Kiado, Budapest.
(60) 長谷川政美 (2007)「生物多様性の理解をめざして」総研大ジャーナル. No. 12, 14 - 17 http://www.ism.ac.jp/akaikememorial/pdf/SokendaiJuornalNo.12_reprinted_article.pdf.
(61) Thorne, J.L., Kishino H., Painter I.S. (1998) *Estimating the rate of evolution of the rate of molecular evolution.* Mol. Biol. Evol. 15, 1647 - 1657.
(62) Kishino, H., Hasegawa, M. (1990) *Converting distance to time: an application to human evolution.* Methods in Enzymology, 183, 550 - 570.
(63) Yang, Z. (2007) *PAML 4: Phylogenetic analysis by maximum likelihood.* Mol. Biol. Evol. 24, 1586 - 1591.
(64) Stamatakis, A. (2006) *RAxML-VI-HPC: maximum likelihood-based phylogenetic analyses with thousands of taxa and mixed models.* Bioinformatics 22, 2688 - 2690.
(65) Pyron, R. A., Burbrink, F. T., Wiens, J. J. (2013) *A phylogeny and revised classification of Squamata, including 4161 species of lizards and snakes.* BMC Evolutionary Biology 13, 93.
(66) Pyron, R. A., Wiens, J. J. (2011) *A large-scale phylogeny of Amphibia including over 2800 species, and a revised classification of extant frogs, salamanders, and caecilians.* Mol. Phylogenet. Evol. 61, 543 - 583.
(67) Saitou, N., Nei, M. (1987) *The neighbor-joining method: a new method for reconstructing phylogenetic trees.* Mol. Biol. Evol. 4, 406 - 425.
(68) Wu, J., Hasegawa, M., Zhong, Y., Yonezawa, T. (2014) *Importance of synonymous*

substitutions under dense taxon sampling and appropriate modeling in reconstructing the mitogenomic tree of Eutheria. Genes and Genetic Systems 89, 237 - 251.

(69) Stanhope, M. J., Victor G. Waddell, V. G., Madsen, O., de Jong, W., Hedges, S. B., Cleven, G. C., Kao, D., Springer, M. S. (1998) *Molecular evidence for multiple origins of Insectivora and for a new order of endemic African insectivore mammals.* Proc. Natl. Acad. Aci. USA 95, 9967 - 9972.

(70) Nishihara, H., Maruyama, S., Okada, N. (2009) *Retroposon analysis and recent geological data suggest near-simultaneous divergence of the three superorders of mammals.* Proc. Natl. Acad. Sci. USA 106, 5235 - 5240.

(71) de Queiroz, A. (2014) *The Monkey's Voyage - How Improbable Journeys Shaped the History of Life.* Basic Books.

(72) チャールズ・R. ダーウィン (1845)『新訳・ビーグル号航海記』（荒俣宏訳、平凡社、2013）．

(73) Van Duzer, C. (2004) *Floating Island: A Global Bibliography with an Edition and Translation of G. C. Munz's Exercitatio Academica de Insulis Natantibus* (1711). Cantor Press.

(74) Zachos, J., Pagani, M., Sloan, L., Thomas, E., Billups, K. (2001) *Trends, rhythms, and aberrations in global climate 65 Ma to present.* Science 292, 686 - 693.

(75) デニス・マッカーシー (2011)『なぜシロクマは南極にいないのか ── 生命進化と大陸移動説をつなぐ』（仁木めぐみ訳）、化学同人．

(76) アルフレッド・ウェゲナー (1915)『大陸と海洋の起源 ── 大陸移動説』（都城秋穂・紫藤文子訳、岩波書店、1981）．

(77) Simpson, G. G. (1940) *Mammals and land bridges.* J. Washington Acad. Sci. 30, 137 - 163．

(78) 島泰三 (1997)『どくとるアイアイと謎の島マダガスカル』八月書館．

(79) Iwano (Shima), T., Iwakawa, C. (1988) *Feeding behaviour of the aye-aye* (Daubentonia madagascariensis) *on nuts of ramny* (Canarium madagascariensis). Folia Primatol. 50, 136 - 142.

(80) 島泰三 (2006)『マダガスカル ── アイアイのすむ島』草思社．

(81) Garbutt, N. (1999) *Mammals of Madagascar.* Yale Univ. Press.

(82) Mittermeier, R. A., Ryland, A. B., Wilson, D. E. eds. (2013) *Handbook of the Mammals of the World. Vol. 3. Primates.* Lynx Edicions, Barcelona.

(83) 山岸哲 (1999)『マダガスカルの動物 ── その華麗なる適応放散』裳華房．

(84) 長谷川政美、松井淳 (2009)「マダガスカル哺乳類の起源」科学 79, 807 - 812.

(85) Yoder, A. D., Cartmill, M., Ruvolo, M., Smith, K., Vilgalys, R. (1996) *Ancient single origin of Malagasy primates.* Proc. Natl. Acad. Sci. USA 93, 5122 - 5126.

(86) Baum, D. A. (2003) *Bombacaceae,* Adansonia, *Baobab,* Bozy, Fony, Renala, Ringy, Za. In: *The Natural History of Madagascar* (eds. Goodman, S.M., Benstead, J.P.). pp. 339 -

342. Univ. Chicago Press.
(87) Hansen, D. M., Galetti, M. (2009) *The forgotten megafauna*. Science 324, 42 - 43.
(88) Marivaux, L., Welcomme, J. L., Antoine, P. O., Metais, G., Baloch, I. M., et al. (2001) *A fossil lemur from the Oligocene of Pakistan*. Science 294, 587 - 591.
(89) Martin, R. D. (2003) *Combing the primate record*. Nature 422, 388 - 391.
(90) Matsui, A., Rakotondraparany, F., Munechika, I., Hasegawa, M., Horai, S. (2009) *Molecular phylogeny and evolution of prosimians based on complete sequences of mitochondrial DNAs*. Gene 441, 53 - 66.
(91) Briggs, J. C. (2003) *The biogeographic and tectonic history of India*. J. Biogeogr. 30, 381 - 388.
(92) Endo, H., Koyabu, D., Kimura, J., Rakotondraparany, F., Matsui, A., Yonezawa, T., Shinohara, A., Hasegawa, M. (2011) *A quill vibrating mechanism for a sounding apparatus in the streaked tenrec* (Hemicentetes semispinosus). Zool. Sci. 27, 427 - 432.
(93) 遠藤秀紀 (2011)『東大夢教授』リトルモアブックス．
(94) Yoder, A. D., Burns, M. M., Zehr, S., Delefosse, T., Veron, G., et al. (2003) *Single origin of Malagasy Carnivora from an African ancestor*. Nature 421, 734 - 737.
(95) Poux, C., et al. (2005) *Asynchronous colonization of Madagascar by the four endemic clades of primates, tenrecs, carnivores, and rodents as inferred from nuclear genes*. Syst. Biol. 54, 719 - 730.
(96) Almeida, F. C., Giannini, N. P., Simmons, N. B., Helgen, K. M. (2014) *Each flying fox on its own branch: A phylogenetic tree for Pteropus and related genera* (Chiroptera Pteropodidae). Mol. Phylogenet. Evol. 77, 83 - 95.
(97) Burney, D. A., Ramilisonina (1998) *The Kilopilopitsofy, Kidoky, and Bokyboky Accounts of Strange Animals from Belo-sur-mer, Madagascar, and the Megafaunal "Extinction Window"*. American Anthropologist 100 (4), 957 - 966
(98) Eltringham, S. K. (1999). *The Hippos. Poyser Natural History Series*. Academic Press, London.
(99) Goodman, S. M., Jungers,W. L. (2014) *Extinct Madagascar: Picturing the Island's Past*. Univ. Chicago Press.
(100) MacPhee, R. D. E. (1994) *Morphology, adaptations, and relationships of Plesiorycteropus, and a diagnosis of a new order of eutherian mammals*. Bull. Am.Mus. Nat. His. 220, 1 - 214.
(101) Buckley, M. (2013) *A molecular phylogeny of Plesiorycteropus reassigns the extinct mammalian order 'Bibymalagasia'*. PLoS One 8 (3) e59614.
(102) Schweitzer, M. H., Zheng, W., Organ, C. L., Avci, R., Suo, Z., et al. (2008) *Biomolecular characterization and protein sequences of the Campanian hadrosaur* B. canadensis. Science 324, 626 - 631.
(103) Wright, P. C. (2014) *For the Love of Lemurs: My Life in the Wilds of Madagascar.*

参考文献

Lantern Books, New York.

(104) Glander, K. E., Wright, P. C., Seigler, D. S., Randrianasolo, V., Randrianasolo, B. (1989) *Consumption of cyanogenic bamboo by a newly discovered species of bamboo lemur.* Amer. J. Primatol. 19, 119 - 124 .

(105) Wills, C. (2010) *The Darwinian Tourist - Viewing the World Through Evolutionary Eyes*. Oxford Univ. Press.

(106) Wirta, H., Orsini, L., Hanski, I. (2008) *An old adaptive radiation of forest dung beetles in Madagascar.* Mol. Phylogenet. Evol. 47, 1076 - 1089.

(107) 中野武、宝来聡、吉田彰、秋篠宮文仁、山岸哲 (2005)「象鳥 エピオルニス 卵殻の切断作業」山階鳥学誌 36, 154 - 161.

(108) 吉田彰 (2008)「マダガスカルの絶滅鳥エピオルニスの骨格と卵殻に基づく総合研究」.『鳥学大全』（秋篠宮文仁、西野嘉章編), pp. 346 – 354、東京大学出版会.

(109) Grealy, A., Phillips, M., Miller, G., Gilbert, M. T. P., Rouillard, J. -M., et al. (2017) *Eggshell palaeogenomics: Palaeognath evolutionary history revealed through ancient nuclear and mitochondrial DNA from Madagascan elephant bird* (Aepyornis *sp.*) *eggshell*. Mol. Phylogenet. Evol., 109, 151 - 163.

(110) Crowley, B. E. (2010) *A refined chronology of prehistoric Madagascar and the demise of the megafauna.* Quaternary Science Reviews 29, 19 - 20.

(111) Harshman, J., Braun, E. L., Braun, M. J., Huddleston, C. J., Bowie, R. C. K., et al. (2008) *Phylogenomic evidence for multiple losses of flight in ratite birds*. Proc. Natl. Acad. Sci. U S A. 105, 13462 - 13467.

(112) Cooper, A., Lalueza-Fox, C., Anderson, S., Rambaut, A., Austin, J., and Ward, R. (2001) *Complete mitochondrial genome sequences of two extinct moas clarify ratite evolution.* Nature 409, 704 - 707.

(113) Orlando, L., Ginolhac, A., Zhang, G., Froese, D., Albrechtsen, A., et al. (2013) *Recalibrating* Equus *evolution using the genome sequence of an early Middle Pleistocene horse*. Nature 499, 74 - 78.

(114) Davies, S. J. J. F. (2002) *Ratites and Tinamous*. Oxford Univ. Press.

(115) Endo, H., Akishinonomiya, F., Yonezawa, Y., Hasegawa, M., Rakotondraparany, F. et al. (2012) *Coxa morphologically adapted to large egg in aepyornithid species compared with various Palaeognaths.* Anatomia, Histologia, Embryologia 41, 31 - 40.

(116) Dyke, G. J., Kaiser, G. W. (2010) *Cracking a developmental constraint: egg size and bird evolution.* Records of the Australian Museum 62, 207 - 216.

(117) Mitchell, K. J., Llamas, B., Soubrier, J., Rawlence, N. J., Worthy, T. H., Wood, J., Lee, M. S., Cooper, A. (2014) *Ancient DNA reveals elephant birds and kiwi are sister taxa and clarifies ratite bird evolution.* Science 344, 898 - 900.

(118) Johnston, P. (2011) *New morphological evidence supports congruent phylogenies and*

215

Gondwana vicariance for palaeognathous birds. Zool. J. Linn. Soc. 163, 959 - 9825

(119) Gillooly J. F., McCoy, M. W., Allen, A. P. (2007) *Effects of metabolic rate on protein evolution*. Biol. Lett. 3, 655 - 659.

(120) Nabholz, B., Lanfear, R., Fuchs, J. (2016) *Body mass-corrected molecular rate for bird mitochondrial DNA*. Mol. Ecol., 25, 4438 - 4449.

(121) 山岸哲 (1991)『マダガスカル自然紀行 —— 進化の実験室』中公新書．

(122) Tambussi, C. P., Noriega, J. I., Gazdzicki, A., Tatur, A., Reguero, M. A., and Vizcaino, S. F. (1994) *Ratite bird from the Paleogene La Meseta Formation, Seymour Island, Antarctica*. Pol. Polar Res. 15, 15 - 20.

(123) Cenizo, M. M. (2012) *Review of the putative Phorusrhacidae from the Cretaceous and Paleogene of Antarctica: new records of ratites and pelagornithid birds*. Pol. Polar Res. 33, 225 - 244.

(124) Bunce, M., Worthy, T. H., Hoppitt, W., Willerslev, E., Drummond, A. et al. (2003) *Extreme reversed sexual size dimorphism in the extinct New Zealand moa* Dinornis. Nature 425, 172 - 175.

(125) Oskam, C. L., Haile, J., McLay, E., Rigby, P., Allentoft, M. E., et al. (2010) *Fossil avian eggshell preserves ancient DNA*. Proc. Roy. Soc. B 277, 1991 - 2000.

(126) Maderspacher, F. (2017) *Evolution: Flight of the ratites*. Curr. Biol. 27 R110 – 113.

(127) オリビア・ジャッドソン (2013)「太古の森にすむ巨鳥・ヒクイドリ」ナショナルジオグラフィック，9月号 62 - 79.

(128) 湯浅浩史 (2003)『森の母バオバブの危機』NHK 出版．

(129) 清水秀男 (2002)『熱帯植物・天国と地獄』エスシーシー．

(130) アンドリュー・シェヴァリエ (2000)『世界薬用植物百科事典』(難波恒雄・監訳)、誠文堂新光社．

(131) Attenborough, D. (1995) *The Private Life of Plants – 01-Travelling*. BBC nature documentary. https://archive.org/details/ThePrivateLifeOfPlants_581

(132) Midgley, J. J., Illing, N. (2009) *Were Malagasy* Uncarina *fruits dispersed by the extinct elephant bird?* South Afr. J. Science 105, 467 - 469.

(133) クリス・レイヴァーズ (2002)『ゾウの耳はなぜ大きい？』(斉藤隆央訳)、早川書房．

(134) 山岸哲、増田智久、H. マクトゥマナナ (1997)『マダガスカル鳥類フィールドガイド』海游舎．

(135) Morris, P., Hawkins, F. (1998) *Birds of Madagascar: A Photographic Guide*. Yale Univ. Press.

(136) Johnson, K. P., Goodman, S. M., Lanyon, S. M. (2000) *Phylogenetic study of the Malagasy couas with insights into cuckoo relationships*. Mol. Phylogenet. Evol. 14, 436 - 444.

(137) Yamagishi, S., Honda, M., Eguchi, K., Thorstrom, R. (2001) *Extreme endemic*

radiation of the Malagasy vangas (*Aves: Passeriformes*). J. Mol. Evol. 53, 39 - 46.
(138) Jønsson, K. A., et al. (2016) *A supermatrix phylogeny of corvoid passerine birds* (*Aves: Corvides*). Mol. Phylogenet. Evol. 94, 87 - 94.
(139) Sheldon, F. H., Lohman, D. J., Lim, H. C., Zou, F., Goodman, S. M., et al. (2009) *Phylogeography of the magpie-robin species complex* (*Aves: Turdidae*: Copsychus) *reveals a Philippine species, an interesting isolating barrier and unusual dispersal patterns in the Indian Ocean and Southeast Asia*. J. Biogeogr. 36, 1070 - 1083.
(140) Marks, B. D., Willard, D. E. (2005) *Phylogenetic relationships of the Madagascar pygmy kingfisher* (Ispidina madagascariensis). The Auk 122, 1271 - 1280.
(141) Bristol, R. M., Fabre, P. -H., Irestedt, M., Jønsson, K. A., Shah, N. J., et al. (2013) *Molecular phylogeny of the Indian Ocean* Terpsiphone *paradise flycatchers: Undetected evolutionary diversity revealed amongst island populations*. Mol. Phylogenet. Evol. 67, 336 - 347.
(142) Pasquet, E., Pons, J. -M., Fuchs, J., Cruaud, C., Bretagnolle, V. (2007) *Evolutionary history and biogeography of the drongos* (Dicruridae), *a tropical Old World clade of corvoid passerines*. Mol. Phylogenet. Evol. 45, 158 - 167.
(143) Raxworthy, C. J., Forstner, M. R. J., Nussbaum, R. A., (2002) *Chameleon radiation by oceanic dispersal.* Nature 415, 784 - 787.
(144) Townsend, T. M., Tolley, K. A., Glaw, F., Wolfgang Böhme, W., Vences, M. (2011) *Eastward from Africa: palaeocurrent-mediated chameleon dispersal to the Seychelles islands*. Biol. Lett. 7, 225 - 228.
(145) 増田戻樹 (2011)『世界のカメレオン』文一総合出版.
(146) Teyssier, J., Saenko, S.V., van der Marel, D., Milinkovitch, M. C. (2015) *Photonic crystals cause active colour change in chameleons.* Nature Comm. 6, 6368.
(147) Crottini, A., Madsen, O., Poux, C., Strauss, A., Vieites, D. R., Vences, M. (2012) *Vertebrate time-tree elucidates the biogeographic pattern of a major biotic change around the K-T boundary in Madagascar.* Proc. Natl. Acad. Sci. USA 109, 5358 - 5363.
(148) Pedrono, M., Griffiths, O. L., Clausen, A., Smith, L. L., Griffiths, C. J., et al. (2013) *Using a surviving lineage of Madagascar's vanished megafauna for ecological restoration.* Biol. Conser. 159, 501 - 506.
(149) Le, M., Raxworthy, C. J., McCord, W. P., Mertz, L. (2006) *A molecular phylogeny of tortoises* (Testudines: Testudinidae) *based on mitochondrial and nuclear genes.* Mol. Phylogenet. Evol. 40, 517 - 531.
(150) Glaw, F., Vences, M. (2007) *A Field Guide to the Amphibians and Reptiles of Madagascar.* Vences & Glaw Verlag.
(151) Jones, T. H., Gorman, J. S. T., Snelling, R. R., Delabie, J. H. C., Blum, M. S. et al. (1999) *Further alkaloids common to ants and frogs: Decahydroquinolines and a quinolizidine.* J. Chem. Ecol. 25, 1179 - 1193.

(152) Bossuyt, F., Milinkovitch, M. C. (2001) *Amphibians as indicators of Early Tertiary "Out-of-India" dispersal of vertebrates.* Science 292, 93 - 95.
(153) Pyron, R. A. (2014) *Biogeographic analysis of amphibians reveals both ancient continental vicariance and recent oceanic dispersal.* Systematic Biology 63 (5), 779 - 797.
(154) Ren, Z., Zhu, B., Ma, E., Wen, J., Tu, T., Cao, Y., Hasegawa, M., Zhong, Y. (2009) *Complete nucleotide sequence and gene arrangement of the mitochondrial genome of the crab-eating frog* Fejervarya cancrivora *and evolutionary implications.* Gene 441, 148 - 155.
(155) Darwin, C. R. (1862) *On the various contrivances by which British and foreign orchids are fertilised by insects, and on the good effects of intercrossing.* John Murray, London.
(156) Wallace, A. R. (1867) *Creation by law.* Q. J. Sci. S140, 471 - 486.
(157) 新妻昭夫 (2010)『進化論の時代:ウォーレス=ダーウィン往復書簡』みすず書房.
(158) 今森光彦 (1994)『世界昆虫記』福音館書店.
(159) フィリップ・ハウス (2015)『なぜチョウは美しいのか』エクスナレッジ.
(160) ジャン=マリー・ペルト (1998)『滅びゆく植物』(ベカエール直美訳) 工作舎.
(161) フリードリッヒ・G・バルト (1997)『昆虫と花 —— 共生と共進化』(渋谷達明・監訳) 八坂書房.
(162) Kuntner, M., Arnedo, M. A., Trontelj, P., Lokovšek, T., Agnarsson, I. (2013) *A molecular phylogeny of nephilid spiders: Evolutionary history of a model lineage.* Mol. Phylogenet. Evol. 69, 961 - 979.
(163) Toon, A., Pérez-Losada, M., Schweitzer, C. E., Feldmann, R. M., Carlson, M., Crandall, K. A. (2010) *Gondwanan radiation of the Southern Hemisphere crayfishes* (Decapoda: Parastacidae): *evidence from fossils and molecules.* J. Biogeogr. 37, 2275 - 2290.
(164) Klaus, S., Yeo, D. C. J., Ahyong, S. T. (2011) *Freshwater crab origins—Laying Gondwana to rest.* Zoologischer Anzeiger 250, 449 - 456.
(165) 近藤典生、西田誠、湯浅浩史、吉田彰 (1997)『バオバブ —— ゴンドワナからのメッセージ』進化生物学研究所
(166) Kress, W. J., Schatz, G. E., Andrianifahanana, M., Morland, H. S. (1994) *Pollination of Ravenala madagascariensis* (Strelitziaceae) *by lemurs in Madagascar: Evidence for an archaic coevolutionary system?* Amer. J. Bot. 81 (5), 542 - 551.
(167) Attenborough, D. (1995) *The Private Life of Plants - 03-Flowering. BBC nature documentary.* https://archive.org/details/The Private Life Of Plants_581.
(168) Diallo, O. B., Joly, L. H., Mckey, H. M., Chevallier, H. M. (2007) *Genetic diversity of* Tamarindus indica *populations: Any clues on the origin from its current distribution?* African J. Biotech. 6, 853 - 860.
(169) 島泰三 (2002)『アイアイの謎』どうぶつ社.
(170) Rauh, W. (1995) *Succulent and Xerophytic Plants of Madagascar.* Strawberry Press.

(171) 吉田彰 (2014)「マダガスカル生き物図鑑・地中の果実」マダガスカル研究懇談会ニュースレター Serasera 30, 12 - 14.
(172) 吉田彰 (2011)「マダガスカル生き物図鑑・ゲオシリス」マダガスカル研究懇談会ニュースレター Serasera 25, 10 – 13.
(173) Heide-Jørgensen, H. S. (2008) *Parasitic Flowering Plants*. Brill, Leiden .
(174) Barkman, T. J., McNeal, J. R., Lim, S. -H., Coat, G., Croom, H. B., et al. (2007) *Mitochondrial DNA suggests at least 11 origins of parasitism in angiosperms and reveals genomic chimerism in parasitic plants.* BMC Evol. Biol. 7, 248.
(175) 島泰三 (2003)「マダガスカル原猿類の起源について」マダガスカル研究懇談会 http://www.madacom.org/conference/summary/conf07_02.html.
(176) ダグラス・ボッティング (2008)『フンボルト ―― 地球学の開祖』（西川治・前田伸人訳）東洋書林 .
(177) Wulf, A. (2016) *The Invention of Nature — Alexander von Humboldt's New World*. Alfred A. Knopf, New York.

索　引

《凡例》
1・配列順序：アラビア数字、欧字用語（略語）、日本語の順に配列される．ギリシャ文字は、アルファベットに後置される．長音記号「ー」、中黒「・」、句読点「、。および「．」は、それらの間を除き配列順序に影響しない．
2・細字イタリック体数字＝見出し語が本文中にある場合の、見出し語が存在するページのノンブル．
3・太字イタリック体数字＝見出し語が図版中か図版キャプション中にある場合の、見出し語が存在するページのノンブル．
4・太字立体数字＝見出し語が本文中と図版中にある場合のページのノンブル．
5・記号類が用語の同じ文字配列位置にあるとき、「ー」「・」「,」「．」「、」「。」の順に配列が後置される．
6・清音、濁音、半濁音の間の配列順序はこの順番で強い．
7・括弧内の補足記述は、配列順序に影響しない．

【欧字用語 − 略語など】

2 パラメータモデル ··················· *54*, 55
3 大系統、真獣類の ············· *67, 69, 77, 78*
3 大系統の間の枝分かれの問題 ············*69*
3 番目の塩基 ····················*43, 55, 56, 138*
A（アデニン）→ アデニン
AIC ··*59*, **60**, *61*
α グロビン ···*44*
bottle tree ··*193*
β グロビン ···*44*
C（シトシン）→ シトシン
Ceyx 属 ··*160*
Coral of Life（生命のサンゴ）············ *33*
Corythornis 属 ··*160*
Curr. Biol. ··*148*
Descent with modification（変化を伴う継承（由来））→ 変化を伴う継承 ············*34, 76*
Diego Suarez → ディエゴスアレス
DNA ······ *10*, **17**, *21, 37, 38-40, 42, 43, 45-50, 52-55, 58, 59, 61-63, 66, 93, 107, 108, 116, 117, 119-123*, **124**, *130, 132, 134, 136, 144, 145, 147, 177*
DNA（の）塩基配列データ ·················· *37, 38, 48, 56, 59, 63*
DNA（の）解析 ······ *21, 55, 119, 122, 144, 147*
DNA の形質の数 ··*38*
Family → 科
G（グアニン）→ グアニン
Geochelone radiata ································*174*
Hippopotamus lemerlei（マダガスカルコビトカバの一種）··*106*
HKY モデル ···*56*
ingroup → 内群
Ispidina 属 ···*160*
lemur → キツネザル
Likelihood → 尤度
Long branch attraction → 長枝誘引
Lord Kelvin → ケルビン卿
Manda ···*34*
Mandala → 曼荼羅
Neighbor-joining method → 近接結合法
Nephila inaurata ····································*185*
NJ 法 ···*63*
N. masoalensis（= *Nepenthes masoalensis*）··· *201*
Order → 目
outgroup → 外群
over-fitting → 過適合
PAML ··*62*
Phylogenetic Tree → 系統樹
Ptychadena mascarensis ············ 口絵 21; *177*
RAxML ···*62*
Ryparosa kurrangii ································*151*
Stephanoaetus mahery（ワシの一種）······ *155*
Struthio anderssoni（中国にいたダチョウの一種）·· *136*, *154*
T（チミン）→ チミン
Tree of Life（生命の樹）→ 生命の樹
Tsingy de Bemaraha（ツインギ・ド・ベマラハ）→ ツインギ・ド・ベマラハ
unrooted tree（無根系統樹）→ 無根系統樹
Urania 属 ································· 口絵 24; *183*

索　引

【日本語表記－総合】

アイアイ（*Daubentonia madagascariensis*）……口絵 3, 4; 27, **85**, *86*, 88, 200, 203
アイアイ科……………………………… **85**
アイアイの中指………………………… **85**, *86*
アイノコセンダングサ（*Bidens pilosa var. intermedia*：キク科の植物）………***149***
「愛のバオバブ」…………………………***190***
アヴァヒ（*Avahi laniger*）……口絵 4; **84**, *86*
アウトリガー…………………………… *22*, *23*
アオガエル科（Rhacophoridae）……***175***, *176*
亜科………………………………………*30*
赤池情報量規準（Akaike Information Criterion）→ AIC
赤池弘次………………………………… **60**
アーガイル公爵（Duke of Argyll）……… *179*
アカオオハシモズ（*Calicalicus madagascariensis*）…………………***158***
アカオオハシモズ（*Schetba rufa*）……***158***
アカカワイノシシ（*Potamochoerus porcus*）………………………………口絵 2
アガマ科（Agamidae）…………口絵 9; ***165***
アカミミガメ（*Trachemys scripta*）……口絵 1
秋篠宮文仁………………………*120*, **129**
アグーチ（*Dasyprocta azarae*）……**64**, *65*
アーケオインドリ・フォントイノンチ（*Archaeoindris fontoynonti*）……………*87*, *88*, ***152***
アーケオレムール………………………… *94*
アーケオレムール・マジョリ（*Archaeolemur majori*）…………………………口絵 4
アゲハチョウ属（*Papilio*）…………… *183*
アジアゾウ（*Elephas maximus*）……………………………口絵 2; *67*, *69*, *153*
アシナシイモリ………………………… *174*
足立淳…………………………………… *59*
アッテンボロー、デイビッド・（Sir David Attenborough）………………… *152*, *197*
アデガエル属（*Mantella*）…………… *175*
アデニン（A）………………………… *54*
アードウルフ（*Proteles cristatus*）…口絵 6
アフリカアカガエル科……口絵 21; *176*, ***177***
アフリカ起源説、原猿類の〜…*91*, *92*, *95*, *96*
アフリカ獣類（Afrotheria）…………………………………口絵 1, 2; *67*, *68*, *71*, *81*, *96*, *107*
アフリカ食虫類（Afroinsectiphilia）………………………………口絵 5; *98*, ***103***
アフリカ食虫類の系統樹曼荼羅………口絵 5, *98*
アフリカ大陸…………………口絵 5; *9*, *13*, *18*, *71*, *77*, *141*, *153*, *156*, *164*, *165*, **169**, *173*, *185*
アフリカタテガミヤマアラシ（*Hystrix cristata*）……………………………… **65**
アフリカトガリネズミ目（Afrosoricida）…………………………口絵 2; ***36***, *37*, *96*
アフリカバオバブ（*Adansonia digitata*）…………………………………*189*, ***193***
アミノ酸配列………*44*, *48*, *49*, *58*, *59*, *108*, *109*
アムールトラ（*Panthera tigris altaica*）…口絵 6
アメリカアカリス（*Tamiasciurus hudsonicus*）………………………口絵 2; *70*
アメリカクロクマ（*Ursus americanus*）…口絵 2
アメリカ大陸間大交差（Great American Interchange）……………………… *69*
アメリカマナティー（*Trichechus manatus*）……………………………口絵 2
アメリカヤマアラシ…………………… *74*
アリクイ……………………………… *68*, *69*
アリストテレス………………………… *36*
アルオウディア（*Alluaudia* sp.）……… *19*
アルカロイド………………………*175*, *183*
アルダブラゾウガメ（*Aldabrachelys gigantea*）……………………………*172*, ***173***
アルダブラタイヨウチョウ（*Nectarinia souimanga*）………………口絵 15; *161*
アルプスの造山運動…………………… *68*
アルマジロ…………………………… *68*, *69*
アレチシギダチョウ（*Nothoprocta cinerascens*）……………………口絵 7
アレンベル博物館……………………… *127*
アロエ（*Aloe* sp.：ススキノキ科の一種）… ***196***
アロエ属（*Aloe*：ススキノキ科の一属）… ***194***
アングレーカム・セキスペダレ（*Angraecum sesquipedale*）…………… *178*, *179-181*
アンジュズルベ（Anjozorobe）……………………口絵 13, 15; *15*, *18*, *19*, *84*, *109*
アンダシベ（Andasibe）……………………… *15*
アンタナナリヴ（Antananarivo）…口絵 15; *15*
アンツィラナナ（Antsiranana）… *15*, *16*, *191*
アンテノールジャコウアゲハ（*Atrophaneura*

221

anterior）··················口絵 23; *183*
アンドリンチャ（Andringitra）··*15*, *17*, *21*
イエヘビ科··················*168*, *169*
生きた化石··························*39*
イサル（Isalo）·······口絵 27; *15*, *196*
異節類（Xenarthra）··················
　····················口絵 1, 2; *68*, *69*, *70*, *71*, *81*
イタチキツネザル··············*85*, *86*
遺伝子重複··························*44*
遺伝的なつながり··········*204*, *205*
イヌ····················*35*, *68*, *101*
今森光彦····························*180*
イモリ······························*174*
イリング、ニコラ・（Illing, Nicola）·····*152*
イルカ······························*47*
イワダヌキ目（Hyracoidea）······口絵 2
インディガスカル（Indigascar）··········
　13, *14*, *17*, *68*, *81*, *91*, *92*, *94*, *168*, *176*, *187*
インディガスカル陸塊··············*176*
インド＋マダガスカル·····*68*, *81*, *168*
インド・マダガスカル起源説、原猿類の
　～ ················*90*, *91*, *94*, *95*, *96*
インドハリネズミ（Paraechinus microps）···
　··························口絵 2; *36*, *37*
インドリ（Indri indri）················
　················口絵 3, 4; *84*, *86*, *88*, *89*, *93*
インドリ科（Indridae）······*83*, *84*, *86*, *87*
隠蔽種······························*21*
ヴァンタニ（Voantany）··············*201*
ウィラースレフ、エシュケ・（Willerslev,
　Eske）················*121*, *123*, *124*, *145*
ウィルシーカメレオン（Furcifel willsii）···
　································口絵 9
ウィルソン、アラン・（Wilson, Allan）·····*119*
ウェゲナー、アルフレッド・ロータル・
　（Wegener, Alfred Lothar）······*78*, *80* *142*
ヴェローシファカ（Propithecus verreauxi）···
　··················口絵 3, 4; *20*, *83*, *86*
ウォーレス、アルフレッド・ラッセル・
　10, *27*, *33*, *39*, *44*, *46*, *76*, *179*, *180*, *204*, *205*
浮き島···*73*, *74*, *77*, *92*, *93*, *104*, *139*, *140*, *169*
浮き島による漂着····················*73*
ウサギ目（Lagomorpha）··········口絵 2
ウシ··············*27*, *28*, *66*, *67-69*, *154*
ウシ科（動物）···*9*, *43*, *68*, *69*, *81*, *103*, *104*, *112*

ウスタレカメレオン（Furcifer oustaleti）·····
　································口絵 9
ウツボカズラ属（Nepenthes）·····*201*, *202*
ウマ····················*27*, *28*, *66*, *122*
ウマ科····························*9*, *103*
ウマ目 → 奇蹄目
海を越えた移住·····*77*, *141*, *142*, *165*, *177*
海を越えた漂着··················*75 - 78*
ウンカリーナ（Uncarina）··············
　··················口絵 11a, 11b, 12a, 12b
ウンカリーナ・ステルリフェラ（Uncarina
　stellulifera）·········口絵 11a, 11b; *153*
ウンカリーナ属（Uncarina）·········*151*
ウンナンイボハナザル（Pygathrix bieti）·····
　································口絵 3
『英国産および外国産ラン類の昆虫による受
　粉』····························*179*
エコロケーション····················*47*
枝分かれの順番（トポロジー）··········
　················*50*, *52-54*, *61*, *130*
エネルギー生産工場················*138*
エピオルニス → エピオルニス・マキシマス
　（Aepyornis maximus）
エピオルニス科（Aepyornithidae）·····口絵
　7, 8; *10*, *113*, **114**, *116*, *119*, **126**, *144*, *154*, *155*
エピオルニス属（Aepyornis）··········
　··············口絵 8; *116*, *144*, *145*, *154*
エピオルニス・ヒルデブランド（Aepyornis
　hildebrand）····················**114**
エピオルニス・マキシマス（Aepyornis
　maximus）·········口絵 7, 10, 11b; *108*,
　114 - 116, *123*, **126**, *127*, *132*, *144*, *145*, *153*
エピオルニス・マキシマスの卵··········*113*
エピオルニス・マキシマスの卵殻········
　··········口絵 10; *16*, **115**, *116*, **124**, *145*, *147*
エボシカメレオン（Chamaeleo calyptratus）···
　································口絵 9
エミュー（Dromaius novaehollandiae）·····
　··············口 絵 7; *113*,*117*, *118*,
　124, *129*, **131**, *132*, *133*, **134**, *135*, *140*, *143*
エミュー科（Dromaiidae）·········口絵 7, 8
エリマキキツネザル（Varecia variegata）···
　··············口絵 4; *86*, *88*, *93*, *195-197*
円、「曼荼羅」の語根「Manda」との関連で
　～ ····························*34*

索　引

塩基座位··················55, 56, 58
塩基置換··············49, 53, 54, 56, 63
塩基置換モデル·················54, 56
塩基配列データ······· 37, 48, 56, 59, 63, 124
遠藤秀紀·················99, **126**, 127
オウチュウ (*Dicrurus macrocercus*)···161, 162
オウチュウ科···················162
オウチュウ属 (*Dicruridae*)············162
オオアリクイ (*Myrmecophaga tridactyla*)···
·························口絵 2
大型植物食動物················24, 154
大型走鳥類······················24
大型の植物食恐竜·················28
オオカミ (*Canis lupus*)···········**35**, 36
オオカンガルー (*Macropus giganteus*)··· 57
オオキンモグラ (*Chrysospalax trevelyani*)···
·························口絵 5
オオコウモリ················47, 105
オオコウモリ属 (*Pteropus*)··········105
オオコビトキツネザル (*Cheirogaleus major*)
······················口絵 4; **93**
オオツパイ (*Tupaia tana*)········ 口絵 2
オオハシモズ······156, 158-160, 206, 207, 208
オオハシモズ科 (Vangidae)··· 156, **158**, 159
オオベニハゴロモ··········口絵 27; **184**
オオワシ (*Haliaeetus pelagicus*)······ 口絵 1
オーストラリアバオバブ···········189
オーストラリア有袋類の祖先·········· 68
オーストロネシア語族·············**22**
オーストロネシア人············22, 24
オッカムのウィリアム (Ockham, William of)
························ 48, 61
オッカムの剃刀········· 49, 56, 61, 141
オナガザル科 (Cercopithecidae)········9, **31**
オナガザル上科 (Cercopithecoidea)·······
······················口絵 3; **89**
オナガテンレック (*Microgale longicaudata*)···
······················口絵 5; **98**
オニジカッコウ (*Coua gigas*)·········**157**
オポッサム···················· 40
オマキザル上科 (Ceboidea)······ 口絵 3; **90**
オランウータン (*Pongo* sp.)············
······················口絵 1; 28, 89
科······················29, 31
ガ···················· 178-182

界······················29, 31
カイウサギ (*Oryctolagus cuniculus*)···口絵 2
海牛目 (Sirenia : 別名・ジュゴン目)·······
······················口絵 2; 67
外群 (outgroop)·········53, 58, 59, 65, 120
階層分類と系統樹·················**31**
かぎ爪··········口絵 1; **26**, 27, 28, **85**, 152, 153
かぎ爪でない爪の進化·············· 28
カギハシモズ (*Vanga curvirostris*)········**158**
核 DNA·················55, 132, 147
カスピカイアザラシ (*Pusa caspica*)···口絵 2
化石種··············118, 119, 133. 136
活性酸素······················ 42
過適合······················· 60
カニクイガエル·················176
カヌー······················22, 23
カバ (*Hippopotamus amphibius*)···········
··················35, 68, 105, **106**, 107
カーペットカメレオン (*Furcifer lateralis*)···
·························口絵 9
「神がそれぞれの環境にあった種を創造され
た」······················ 76
カメ····················· 28, 172
カメ類 (Testudines)············口絵 1; 28
カメレオン········口絵 1, 9; 164 - 167, 183, 207
カメレオン科 (Chamaeleonidae)·········
······················口絵 9; 165
カメレオン属 (*Chamaeleo*)···口絵 9; 165, 166
カモノハシ (*Ornithorhynchus anatinus*)······
·················口絵 1; 27, 28, 40
カラカル (*Caracal caracal*)·········口絵 6
ガラゴ······················ 91
カランコエ (*Kalancoe* sp. : ベンケイソウ科
の一種)·················· 194, **196**
カルンマカメレオン属 (*Calumma*)········
······················口絵 9; 165, 166
川又由行····················· 203
カワリサソリ (*Heteroscorpion* sp.)······**185**
カワリサソリ科 (クモ形綱の一科)·····**185**
カワリサソリ属·················185
カンガルー···**26**, 27, 28, 35, 36, 40, 58, 59, 68, 139
カンガルーの爪·················· 27
頑健な推定·················131, 132
管歯目 (Tubulidentata : 別名・ツチブタ目)
······················口絵 2, 5; 107

223

乾燥化·· 69
乾燥に適応した植物····························· 191
環南極海流························· 74, 140, 143
カンムリジカッコウ（*Coua cristata*）····· 157
カンムリシギダチョウ（*Eudromla elegans*）···
·· 口絵 7; 118
偽遺伝子·· 44, 45
「偽遺伝子の進化速度の研究」············· 45
キーウィ（*Apteryx*）······················· 口絵 7；
　117, 118, 121, 124, **125**, 127, **128**, 129, 130,
　132, 133, **134**, 135, 140, 143, 144, 154, 187
キーウィ科（Apterygidae）······· 口絵 7, 8; 154
キーウィの祖先··································· 140, 154
気候変動··· 24
キサントパン・モルガーニ・プレディクタ
　（*Xanthopan morganii praedicta*）··· *179*, 180-182
キサントパンスズメガ（*Xanthopan morganii
　praedicta*）·· *179*
岸野洋久·································· 53, 54, 61
キシマテンレック（*Hemicentetes
　semispinosus*）···················· 口絵 5; 97, 99
北川源四郎··· 129
キツネザル（lemur）··········· 9, 10, 22, **31**,
　81, 82, 89, 104, 112, 151-155, 172, 203, 207
キツネザル下目（Lemuriformes）···········
　··· 口絵 3, 4; 82, 90-96
キツネザル下目系統樹曼荼羅······· 口絵 4; 93
キツネザルの起源に関する2つの仮説··· 91
キツネザル類··················· 88, 89, 91, 96, 104
奇蹄目（Perissodactyla：別名・ウマ目）····口絵 2
キノボリカンガルー（*Dendrolagus* sp.）···口絵 1
キノボリジャコウネコ（*Nandinia binotata*）···
　··· 口絵 6; 101, 102
キノボリジャコウネコ科（Nandiniidae）·····
　··· 口絵 6; 102
キマ湖（ロシア）··································· 73
キマダラドクバッタ·················· 口絵 25; 184
木村のモデル·· 55
木村資生····························· *38, 39*, 45
キュリー夫妻······································· 79
距·· *178*, 180
共進化······························· 180, 181, 196
共通種······································ ... 141, 156
共通祖先·································· 口絵 1；11, 26,
　28, 30, **31**, 32, 33, 34, 45, 48, 51, 52, 63, 65,

66, 67, **84**, 86, **90**, 92, 101, 102, 104, 107, 129,
137, 138, 140, 143, 159, 165, 166, **173**, 176
「共通の祖先からの進化」················ 31, 33
局所分子時計······································· 61
曲鼻猿亜目（Strepsirrhini）····················
　··· 口絵 3, 4; 89, 90, 92
巨大化·········· 94, 125, 139, 140, 144, 154, 155
巨鳥··························· 口絵 11b; 117, 144
距離行列··· 63, 65
距離行列法·························· 48, 54, 63, 65
キリン（*Giraffa camelopardalis*）···············
　··· 口絵 2; 9, 184, 207
キリンクビナガオトシブミ······· 口絵 26; 184
キル··· 34
キルコル（チベット仏教）····················· 34
キンイロアデガエル················ 口絵 19; 175
キンイロジェントルキツネザル（*Hapalemur
　aureus*）························· 口絵 4; 110, 111, 112
キンモグラ······································ 37, 66
ギンリョウソウ（*Monotropastorum humile*）
　·· ... 202, **204**
近隣結合法（Neighbor-joining method：略して
　NJ法）·· 63
グアニン（G）······································ 54
クサガエル科（Hyperoliidae）····口絵 20; 176
クジラ······ 35, 36, 40, 47, 67, 68, 81, 103, 107
鯨偶蹄目（Cetartiodactyla）·······口絵 2; 68
クセロシキオス（*Xerosicyos* sp.：ウリ科の植
　物）··· 194, *197*
クーパー、アラン・（Cooper, Alan）···········
　··························· 119, 120, 124, 130, 131,132, 147
クマ科··· 69
クモザル（*Ateles* sp.）··················· 口絵 3; 90
クモノスガメ（*Pyxis arachnoide*）········· 174
クモノスガメ属（*Pyxis*）······················ 174
グラウア、ダン・（Graur, Dan）······ 58, 59
グレイザー································ 170, 172
グレービーシマウマ（*Equus grevyi*）···口絵 2
クロキツネザル（*Eulemur macaco*）···········
　··· 口絵 4; 196, 197
クロクモザル（*Ateles paniscus*）········口絵 2
クログチナキウサギ（*Ochotona curzoniae*）
　·· 口絵 2
クロコサギ（*Egretta ardesiaca*）··········· 164
クロサイ（*Diceros bicornis*）········ 170, *171*

クロザル（*Macaca nigra*）............口絵 3
クロービス人............25
クロマダガスカルモズ（*Oriolia bernieri*）...*158*
形質............35, 37, 38, 39, 46, 102, 127, 129, 136
形態............21, 36-40, 46, 47, 71, 93, 98,
　107, 117, 119, *131*, 134, 135, 136, 149, 180
形態形質............38
「形態の極度の完璧は、極度の脆弱さを作り
　出す」............180
形態レベルでの中立的進化............46
形態レベルの進化速度............40, 46
系統樹（Phylogenetic Tree）............
　............口絵 1 - 7, 9; *10, 11, 27, 28, 30,*
　31*, **32**, 33-35, 37-39, 46-49, 50, 52-54, 56-59,*
　63, 65-67, 71, 90, 94, 98, 101, 131, 133-138
系統樹解析............47, 50, 60, 62, 65, *132*
系統樹推定............37, 54, ***57***, 62, 63, 65, *134*
系統樹推定法............37, 53
系統樹の枝分かれ（分岐）............38
系統樹曼荼羅............口絵 2 - 7, 9; *33-35,*
　66, 67, 82, 89, 92, 93, 98, 101, 127, 165, 196
ゲオシリス（*Geosiris aphylla* ＝ 地のアヤメ）
　............202
齧歯目（Rodentia：別名・ネズミ目）............
　............口絵 2; ***31****, 58, 68, 74, 102*
齧歯類............58, 59, 73, ***74***, 75, 102
ゲーテ............180
解毒............109, 111, 112
ケナガアルマジロ（*Chaetophractus* sp.）...***70***
ゲノム............38, 44,
　49, 62, 119, 120, 123, 130-132, 137, 138, 147
ゲノム・データベース............49
ゲノム DNA............38
ケープハイラックス（*Procavia capensis*）...
　............口絵 2; ***70***
ケルヴィン卿（Lord Kelvin）............79
原猿類............9, **90**, 91, 92, 94, 96, ***103***
原猿類のアフリカ起源説............91, 92, 95, 96
原猿類の起源に関する 2 つの対立する仮説...
　............90
現生古顎類............*132*, 139
現生の鳥のなかで最大のダチョウ............*116*
コアラ............28
小池裕子............121, *122*, 125, *129*, 208
綱............29, 31

幸運に恵まれた移住............73, 75
甲殻類............16, ***162***, 164, 180
光合成能力............201, 202
構造色............口絵 22b; *166, 183*
広鼻猿類............72
コウモリ............35, 40, 47, 66,
　67, 81, 103, 104, 105, 140, 154, 196, 197, 203
古顎類（Palaeognathae）............
　............口絵 7, 8; *117*, **118**, *119, 124, 130*, ***131***, *132,*
　133, **134**, *135, 136, 141, 143, 144, 147, 148*
古顎類進化の新しいシナリオ............*137, 138*
コクレルシファカ（*Propithecus conquereli*）...
　............***83***, 86
ココウモリ............47, 105
コジャコウネコ（*Viverricula indica*）...口絵 6
古生代............13
古代 DNA 解析...93, 119, 120, ***122***, 123, 124, 130
固定、突然変異遺伝子の〜............40, 41, 42
固定確率............41, 42
孤島のバイオリニスト............100
コドン............43, 45, 55, 56, 137, 138
コドンの 3 番目の座位............43, 45
コバネガ科............182
コビトカバ（*Choeropsis liberiensis*）............
　............口絵 2; *106, 153, 154*
コビトキツネザル科（Cheirogaleidae）...***31***,***83***, ***93***
コビトハツカネズミ（*Mus minutoides*）............
　............口絵 2; ***31***, *57*,***64***, 65
コビトマングース（*Helogale parvula*）............
　............口絵 6; *101*
個別の創造............75, 76
コマダラキーウィ（*Apteryx owenii*）............
　............*125*, *127*, **128**
コミミハネジネズミ（*Macroscelides*
　proboscideus）............口絵 2, 5
コメテンレック（*Oryzorictes hova*）............
　............口絵 5; *98*
コモンテンレック（*Tenrec ecaudatus*）→ テン
　レック
コモンマーモセット（*Callithrix jacchus*）............
　............口絵 3; *72*
固有種............9, 81,
　105, 110, 141, 156, 163, 183-185, 190, 197
コラーゲン............108
コル............34

痕跡器官·· 46
コンタミ → コンタミネーション
コンタミネーション··················· **122**, 124
昆虫と顕花植物の間の共進化··············· *181*
ゴンドワナ超大陸·····································
　11, 13, **14**, 68, 69, 71, 74, 118, **131**, 133, *187*
ゴンドワナ超大陸の分断··············· 69, *133*
ゴンドワナ超大陸の分裂········ **14**, 74, *133*
最節約法···48, 49, 54, 56, 57, **58**, 59, 61, 63, *141*
サイチョウ科·································· *156*
斎藤成也·· 63
細胞内共生説··································· 49
最尤系統樹······································ 59
最尤推定···································· 51, 53
最尤法············· 49, 52, 54, 56, **58**-63, 65
最尤法による分子系統樹推定··············· 49
ザトウクジラ（*Megaptera novaeangliae*）······
································· 口絵 *2*
ザーバオバブ（*Adansonia za*）······· 189, **192**
サバクキンモグラ（*Eremitalpa granti*）······
································· 口絵 5; *37*
サバンナ············9, 69, **102**, 155, 170, 172, *207*
（サバンナ）アフリカオニネズミ（*Cricetomys gambianus*）························· **102**, 103
サバンナゾウ（*Loxodonta africana*）·········
···············口絵 2; *64*, 65, **70**, *103*, 155
サボテン······································ 192, 193
サボテン科······························· 193, **195**
ザリガニ·································· 185, *187*
サワガニ上科（*Potamoidea*）··············· *187*
サンジニアボア（*Sanzinia madagascariensis*）
··· *168*
三畳紀····································· 13, **39**, 40
シアン化物································ 110-112
ジェントルキツネザル（*Hapalemur* sp.）·····
··················· 口絵 3, 4; 93, **109**, 110, 111, *112*
ジェントルキツネザル属（*Hapalemur*）·····
··· 口絵 4; *110*
ジェントルキツネザルの解毒能力進化··· *109*
シカ科·· 69
ジカッコウ属（*Coua*）··················· *156*
シギダチョウ···································· 117,
　118, 119, 120, 125, 132-135, 138-141, 143, *144*
シギダチョウ科（*Tinamidae*）···············
································· 口絵 7, 8; *118*

ジグザグノキ → デカリア・マダガスカリエンシス（*Decarya madagascariensis*）
シジュウカラ科··························· *156*
矢状隆起··································· **87**, 88
次世代シークエンサー········ 122, 123, *132*
自然選択············ 27, 39, 42, 44, 76, 78, 79
自然選択説································ 39, *78*
シトクロム c → チトクローム c 参照
シトシン（C）······························· 54
シファカ······································ 86
シファカ属（*Propithecus*）··············· *86*
ジネズミテンレック（*Geogale aurita*）·····
··································· 口絵 5; *98*
姉妹群··· 口絵
　6; 91, 98, **102**, 104, 107, 109, 135, 136, 153,
　156, 159, 160, 163, 165, 166, 174, 183, *185*
島泰三··············· **85**, 86, 160, 200, 203, *208*
シマテンレック······························ *98*
シマハイエナ（*Hyaena hyaena*）···口絵 *6*
シママングース（*Mungos mungo*）·········
··································· 口絵 *6*; 101, **103**
シモスクス・クラルキ（*Simosuchus clarki*）···
······································ 169, **170**, *172*
ジャイアントアイアイ（*Daubentonia robusta*）
··· *88*
ジャイアントモア（*Dinornis maximus*）·····
··· 口絵 *7*
社会性のマングース························ *101*
ジャコウアゲハ属························· *183*
ジャコウネコ科（*Viverridae*）···············
··································· 口絵 *6*; 101, *102*
ジャコウネズミ···························· 66, *99*
シャムワニ（*Crocodylus siamensis*）···口絵 *1*
ジャワオオコウモリ（*Pteropus vampyrus*）···
··· 口絵 *2*
種························ 9, 11, 21, 27, 39, 53, **64**
周縁··· *34*
集団遺伝学の創始者························· *50*
収斂······················ 35, 37, 47, 67, *134-136*
収斂進化···35, 36, 37, 46, 47, 96, 99, 101, *153*
収斂進化、分子レベルの～··············· *47*
樹形図······································ 30, *31*
ジュゴン（*Dugong dugon*）······口絵 2; *67*
種子散布者······························ 88, *203*
種小名（例・ヒトの場合なら "*sapiens*"）·····

·· 29, *82*, 100, 184
出インド起源説，アオガエル科の〜 ···175,176
出インド起源説，ロリス下目の〜 ······91, 94
種分化·· 27, 33, 69, 71,
　103, 107, 111, 112, 118, 119, 143, 163, 165, 187
種分化，ウシ科動物の爆発的な〜 ·········69
上科··29
小学2年生の疑問································26
ショウガラゴ（*Galago senegalensis*）······
································· 口絵 3; *103*
初期の分子系統学································47
食虫目································ 37, *66*, 96
食肉目（Carnivorav：別名・ネコ目）·······
························· 口絵 2, 6; *68*, 100, 101
植物食·············· 24, 25, 27, 28, 112, 154, 169
植物食獣······················· 27, 28, 154, 155
植物食動物························· 24, 25, 112, 154
ジョロウグモ属······························185
ジョンストン，ピーター・(Johnston, Peter)
································ *134*, 135, 136, 143
シーラカンス（*Latimeria chalumnae*）···39, 40
シーラカンス，現生の····························39
シーラカンスの化石······························39
試料汚染　→　コンタミネーション
シロアシイタチキツネザル（*Lepilemur leucopus*）··············· 口絵 4; *19*, 85
シロガシラオオハシモズ（*Leptopterus viridis*）
··· ***158***
シロサイ（*Ceratotherium simum*）············
·································· 口絵 2; *170*, 171
シロテテナガザル（*Hylobates lar*）··· 口絵 3
シロノドハシボソオオハシモズ（*Xenopirostris damii*）································ ***158***
進化························· 口絵 8; *10*, 26-28, 30,
　31, **32**, 33-54, 56, 58 - 62, 65, 109, 117-121,
　124, 125, 127, 130, **131**, 132-144, 147, 148,
　153-155, 159, 160, 166-169, 172, ***173***, 176,
　180-182, 187, 189, 190, 196, 202, 207, 208
進化学··· 17, 28
進化速度··································
··········· *38*-46, 52, 56, 58, 61, 62, 71, 120, 138
進化の機構·· 39,78
進化論····················· 11, 27, 30, 75, 79, 179
真獣類（Eutheria）··· 口絵 1, 2; *26*-28, **35**, 36,
　40, 65-69, **70**, 71, 74, 77, 78, 81, 82, 102

真獣類の3大グループ··············· **70**, 71, 81
真獣類の3大グループの間の系統関係···**70**, 71
真獣類の進化································ 26, *66*, 69
真獣類の種分化······································71
新世界ザル············ **72**, *73 - 75*, 77, 90, 92
新世界ザルの祖先··············· *72-75*, 77, 92
新世界ヤマアラシの祖先······················ *74*, 75
シンプソン，ジョージ・ゲイロード・(Simpson, George Gaylord)················ 77, 78, 142
真無盲腸目（Eulipotyphla：別名・モグラ目）
··················· 口絵 2; *36*, 37, 68, 99
水生適応································ 98, 99, 107
スズメ（*Passer montanus*）·············· 口絵 1
スズメ目························ *156*, 160, 161
スズメガ·························· 179, *180*, 181
スズメガ科····················· **179**, **181**, 182
スタマタキス，アレキサンドロス・(Stamatakis, Alexandros)··············· 62
ステゴドン··69
スプリンガー，マーク・(Springer, Mark)··· 66
スポロルミエラ属（*Sporormiella*）······ 24, 25
スマトラオランウータン（*Pongo abelii*）·····
······································· 口絵 3
スラウェシメガネザル（*Tarsius spectrum*）···
······································· 口絵 3
スローロリス（*Nycticebus coucang*）··· 口絵 3
生態的なつながり····························· 204
正の自然選択································· 39, 44
生物界全体の系統樹······························49
生命の樹（Tree of Life）········· 26, 29, **30**, 33
生命の樹（ダーウィンの…）····················29
生命の樹と分子系統学··························26
生命のサンゴ（Coral of Life）················33
瀬川高弘······················· 123, **124**, 130
脊索動物門······································ 29
赤道······························· 16, 74, 76, 140
セーシェルゾウガメ属·························172
節足動物················ 178, 180, 183, 185, 187
絶対年代測定法···································80
絶滅したマダガスカルコビトカバの一種
　Hippopotamus lemerlei の半化石·········106
ゼブー（*Bos indicus*：別名・コブウシ）······
································· 口絵 1; *23*, 24, 191
ゾウ····························· 9, 27, 28, 65
痩果·································· *149*, 151

227

ゾウ科	9, 81, **103**, 104
象鳥	口絵 **10**, **11b**; 10, 16, 24, 74, **113**, 114, **115**, **116**, 117, 119-121, **122**, 123, **124**, 125, 127, **129**, 130, 132, 133, 135, 140, 143-145, 147, 149, 151-153, 155, 156, 208
象鳥 DNA の初期の解析	119
象鳥 DNA プロジェクト	120
象鳥会議	120, 121, 127, **129**, 130, 208
象鳥会議の成果	127
象鳥古代 DNA プロジェクトに関わった人たち	124
象鳥とキーウィの共通祖先	143
象鳥の核 DNA の解析	147
象鳥の起源	113
象鳥の進化	74, 120
象鳥の総合的研究チーム	120
象鳥の祖先	135, 140
ゾウの祖先	69
ゾウ目 → 長鼻目	
ゾウ類	69
草食性	170, 172
属	30
属名（例・ヒトの場合の"Homo"）	29, **100**, 107
祖先・子孫の関係を通じたつながり	204
ソーン、ジェフ・（Thorne, Jeff）	**53**, 61
大インド	15, **90**, **95**, 96
タイガーカメレオン（*Archaius tigris*）	口絵 **9**; 165, 166
タイガーカメレオン属（*Archaius*）	口絵 **9**; 166
代謝率	42, **82**, 93, 138
対数尤度	53, 60
胎生哺乳類	27
大陸移動	13, 67-69, 76, 78, 80, 142, 143, 187
大陸移動説	78, 142, 143
大陸移動だけでは説明できない動物の分布	69
大陸地殻	15
大陸の分断	17, **131**, 167, 187
大陸の分断から予想される関係	**70**
大量の種を含む分子系統樹の推定	63
ダーウィン、チャールズ・（Darwin, Charles）	11, 27, 29, **30**, 31, 33, 34, 39, 44, 46, 72, 73, 75, 76, 78-79, 159, 178-180, 204
ダーウィンの生命の樹	29, **30**
ダーウィンの悩み	78
タコノキ属（*Pandanus*）	200, **202**
多重置換	58, 63, 65
タスマニアオオカミ	35
多足類	16
ダチョウ（*Struthio camelus*）	口絵 **7**; **113**, **116**, 117, 118, 124, 127, 129, **131**, 132, 133, **134**, 135, **136**, 139, 143, 147, 152, 154, 155
ダチョウ科（Struthionidae）	口絵 **7**, 8
タビビトノキ（*Ravenala madagascariensis*：ショウガ目ゴクラクチョウ科の植物）	195-197, **198**, 199
卵	127
タマヤスデ	16, 17, 187
タマリンド（*Tamarindus indica*）	197, 198, **200**
ダム湖	73
多様化	口絵 **8**; 34, 35, 81, 92, 98, 139, 156, **158**
多様化、オオハシモズ科のくちばしの〜	**158**
タラザックオナガテンレック（*Microgale talazaci*）	口絵 **5**
単孔類（Monotremata）	口絵 **1**; 27, 28, 40
ダンゴムシ	16, **17**, 178
単独性（の）マングース	101
たんぱく質進化におけるアミノ酸置換のモデル	49
たんぱく質のアミノ酸配列のデータベース	49
チェバートオオハシモズ（*Leptopterus chabert*）	**158**
置換確率	51, 55
置換確率モデル	51
置換数	48, 49, 50, 56, 57
置換速度	38, 40, 56, 59
置換モデル	50, 53, 54, 56, 59, 60
地球規模の寒冷化	75
地球の年齢	79, 80
地史	10, 13, 16, 17, 141, 142
地質学的年代	38
地上性ナマケモノ（メガテリウム科エレモテリウム）	25
池塘	73
チトクローム c	48

索　引

チビオカレハカメレオン属（Rieppeleon）……………………口絵9; 165, 166
チベット高原……………………………15, 90
チミン（T）……………………………54
中心、Manda の意味に即した〜 ………34
中新世……………………………………190
中心と周縁………………………………34
中生代………………………………10, 11, 13
中立説、分子進化の〜 …………………
　……………38, 39, 40, 42, 44, 45, 46, 56
中立説以前………………………………44
中立的な変異………………………42, 44
チュレアール（Tulear）…………………
　……………口絵11a, 28; 15, 16, 194, 197
超音波……………………………………47
長脚目（Macroscelidea：別名・ハネジネズミ目）………………………口絵2, 5
長枝誘引………57, 58, 59, 63, 64, 65, 120
長枝誘引に対する種サンプリング密度の効果
　………………………………………64
超大陸………………13, 69, 77, 118, 140
超大陸の分断……………………118, 140
長鼻目（Proboscidea：別名・ゾウ目）……
　………………………………口絵2; 25, 67
鳥類（Aves）…… 口絵1; 27, 48, 117, 127, 156
鳥類における雌の体重の対数と卵の重さの対数の間の相関関係…………………128
直鼻猿亜目（Haplorhini）……口絵3; 89
チョノス群島……………………………72
チンパンジー（Pan troglodytes）………
　……………………………口絵3; 9, 62, 89
ツィリビヒナ川（Tsiribihina）…………21
ツインギ・ド・ベマラハ（Tsingy de Bemaraha）………口絵12a; 15, 20, 21, 195, 201
ツインギ・ド・ベマラハ国立公園…………20
ツチブタ（Orycteropus afer）…………
　…………口絵2, 5; 66, 67, 70, 107, 108, 109
ディアディムシファカ（Propithecus diadema）
　…………………………………84, 86
ディエゴスアレス（Diego Suarez）………
　………………………………15, 16, 191
ディディエゾウガメ（Aldabrachelys grandidieri）…………………… 154, 172
ディディエバオバブ（Adansonia grandidieri）
　……口絵16; 94, 150, 188, 189, 190, 194

ディディエレア（Didierea sp.）……192, 194
ディディエレア科……………………18, 19
ディノルニス・ギガンテウス……………145
デイホフ、マーガレット・（Dayhoff, Margaret Belle Oakley）………………48, 49
デカリア・マダガスカリエンシス（Decarya madagascariensis）…………………18
適応的な形質……………………………46
適応的な進化（適応進化）……………46, 47
適応度……………………39, 41, 42, 45, 112
デッケンシファカ（Propithecus deckenii）
　……………………………………20, 86
デロニクス属（Delonix：マメ科）……197
デロニクス・プミラ（Varecia variegata）……
　…………………………………197, 199
テングキノボリヘビ（Langaha madagascariensis）……………………………168
テングザル（Nasalis larvatus）……口絵3; 89
テンジクネズミ（モルモット）…………74
テンジクネズミ科（Caviidae）…………31
テンレック（Tenrec ecaudatus：別名・コモンテンレック）………口絵5; 97, 98, 100
テンレック（コモンテンレック）の幼獣たち
　……………………………………97
テンレック亜科（Tenrecinae）…………
　口絵5; 37, 96, 97, 98, 99, 103, 104, 105, 109
テンレック科（Tenrecidae）…口絵5; 37, 98
テンレック類…………9, 96, 98, 99, 100, 109
同義置換…………………………………43
統計数理研究所…………………………
　………43, 50, 53, 54, 60, 62, 123, 129, 130
同所的種分化……………………………111
トウダイグサ（Euphorbia sp.：トウダイグサ科の植物）………………183, 184, 193, 195
トウダイグサ属（Euphorbia）…183, 184, 193
登攀目（Scandentia：別名・ツパイ目）……
　…………………………………口絵2
動物園の水槽のなかで軽快な動きを見せるカバ…………………………………107
動物界……………………………29, 46, 127
トゥリアラ（Toriara）………………15, 16
トカゲ…………………………28, 164, 167, 168
トカゲ類（Sauria）……口絵1; 28, 168
特産科……………………………………142
突然変異…………………40, 41, 42, 43, 56

229

突然変異遺伝子··················40, 41, 42
突然変異遺伝子の適応度············42
突然変異率··················40, 42, 43, 138
突然変異率、DNA塩基当たりの〜······40
トポロジー → 枝分かれの順番
トポロジー推定··················52
トムソン、ウィリアム・（Thomson, William）
·······················79, 80
トラ（*Panthera tigris*）·······口絵 1; 70
トランジション··················55
トランスバージョン··············55
ドリトル、ラッセル・（Doolittle, Russell）
·······························38, 45
ドワーフエレファント（*Elephas falconeri*）
·······························153
ドワーフカメレオン属（*Bradypodion*）
···························口絵 9; 165
内群（ingroup）················53
ナイルワニ（*Crocodylus niloticus*）···169, 207
ナウマンゾウ··················69
ナマケモノ··············25, 28, 68, 69
ナミガタニシキオオツバメガ（*Chrysiridia croesus*）···························183
南極大陸···13, **14**, 74, 139, 140, 142, 143, 144
ニシキオオツバメガ（*Chrysiridiaripheus*）
···························口絵 24; 183
西田伸····················121, 125
二倍体······················38, 41
ニホンザル（*Macaca fuscata*）
···················口絵 2, 3; **31**, 70, 88, 89, 154
二名法······················29
ニュートンヒタキ（*Newtonia brunneicauda*）
·······························158
ニワトリ、マダガスカルの〜······23, 24
ヌシマンガベ（Nosy Mangabe）···15
根····················32, 33, **52**, 53
根井正利····················63
ネコ························66
ネコ亜目（Feliformia）·········口絵 6
ネコ亜目の系統樹曼荼羅·········口絵 6
ネコ科（Felidae）·············口絵 6
ネズミ·········68, 72, 77, 81, 99, 102, 197
ネズミ科（Muridae）··············31
ネズミカンガルー（*Potorous tridactylus*）
·······························口絵 1

ハイイロカンガルー（*Macropus giganteus*：別名・オオカンガルー）·····口絵 1; 26
ハイイロカンガルーのかぎ爪··········26
ハイイロジェントルキツネザル（*Hapalemur griseus*）·······口絵 4; 109, 110, 111
ハイイロショウマウスキツネザル（*Microcebus murinus*）······口絵 2, 4; **31**, 83, 86, **103**
ハイエナ科（Hyaenidae）······口絵 6; 102
バイオインフォマティクス
·······················122, 123, 124
バイオマス··················172
ハイラックス··················67
ハウス、フィリップ··········180
バオバブ···94, 151, **188, 189**, 190, 191, 193, 203
バオバブ属（*Adansonia*）············188
パキポディウム属（*Pachypodium*）···193, 194
パキポディウム・ロズラーツム（*Pachypodium rosulatum*：キョウチクトウ科の植物）···**196**
白亜紀
···10, 13, 78, 118, 133, 169, **170**, 172, 176, 181
歯クジラ（ハクジラ）············47
ハクビシン（*Paguma larvata*）········口絵 6
バークマン、トッド・（Barkman, Todd）···202
バクレー、マイケル・（Buckley, Michael）
·······························108, 109
ハシナガオオハシモズ（*Falculea palliata*）
·······························158
ハーシュマン、ジョン・（Harshman, John）···117
ハースト・イーグル（*Harpagornis moorei*）···155
パーソンカメレオン（*Calumma parsonii*）
·······························口絵 9
ハチマキカグラコウモリ（*Hipposideros diadema*）·······················口絵 2
爬虫類··················27, 28, 48, 156
ハツカネズミ属（*Mus*）············72
ハドロピテカス・ステノグナタス
（*Hadropithecus stenognathus*）······口絵 4
ハナダカカメレオン（*Calumma nasutam*）
·······························口絵 9
パナマ地峡··················69
ハネジネズミ··················67, **103**
パプアヒクイドリ（*Casuarius unappendiculatus*）·······················口絵 7
パラメータ············51, 55, 56, 60
針岩·······················**20**, 21, 22

索　引

ハリテンレック（*Setifer setosus*）
　　口絵 2, 5; **36**, 37, 66, 67, 96, 99, **120**, 134
ハリネズミ **36**, 37, 47, 66-68, 96, 99, 134
ハリネズミ科 37
ハリモグラ 40
ハルパゴフィツム 151
ハルパゴフィツム属（*Harpagophytum*）
　　151
パレオプロピテカス・インゲンス（*Palaeopropithecus ingens*） 22, 24
パレオプロピテカス・マキシマス（*Palaeopropithecus maximus*） 口絵 4
半化石 10, 25, **106**, *107*, ***108***
パンゲア 13, 69
パンサーカメレオン（*Furcifer pardalis*）
　　口絵 9
半砂漠有棘林 19, 172, 192
パンダナス・プリンセス（*Pandanus princess*：タコノキ科の植物） 200, **202**
ヒクイドリ（*Casuarius casuarius*）　口絵 7；
　　117, 118, 129, 132, 133, **134**, 135, 140, 143, 151
ヒクイドリ科（Casuariidae）　口絵 7, 8
樋口知之 **129**
ビーグル号 11, 72, 80, 204
ヒゲクジラ 47
ヒゲコノハカメレオン（*Rieppeleon brevicaudatus*） 口絵 9
被甲目（Cingulata：別名・アルマジロ目）
　　口絵 2
飛翔能力 105, 117, 133, 139, 140, 142, 144
飛翔力 141, 142, 156
非鳥恐竜 133
ひっつき虫 **149**, 151
蹄 口絵 1; 27, 28
ヒト（*Homo sapiens*）
　　口絵 2, 3; 16, 22, 24, 25, **29**, 31, 38, 40, 43, 48, 58, 62, 68, 77, 89, 102, **115**, 116, 121, 144, 151, 153, 177, 180, 197, 198, 204
ヒト科（Hominidae） **29**, **31**
ヒト上科（Hominoidea） 口絵 3; 89
ヒト属（*Homo*） **29**
ヒドノラ（*Hydnora esculenta*） 201, **203**
ヒドノラの枯れた花 203
ヒドノラの花 203
ヒマラヤ山脈 15

ヒメカメレオン属（*Brookesia*）
　　口絵 9; 165, 166
ヒメハリテンレック（*Echinops telfairi*）
　　口絵 5
ヒョウ（*Panthera pardus*）　口絵 2; 9
漂着説 75, 78, 142, 143
漂着による海を越えた移住 141
皮翼目（Dermoptera：別名・ヒヨケザル目）
　　口絵 2
平爪 口絵 1; 27, 28
ヒルヤモリ属 167
ビントロング（*Arctictis binturong penicillatus*）
　　口絵 6
フィッシャー、ロナルド・（Fisher, Sir Ronald Aylmer） 50
フィッチ、ウォルター・ 48, 49, 63
フィリピンヒヨケザル（*Cynocephalus volans*）
　　口絵 2
フェルゼンシュタイン、ジョー・（Felsenstein, Joseph (or "Joe")） 49, 50, 58, 61
フェルゼンシュタインの最尤法 52, 61
フォーカップ（Faux Cap）
　　口絵 10; *15*, 16, *115*, 145
フォーカップ海岸に散乱する象鳥の卵殻の破片 口絵 10; *115*
フォッサ（*Cryptoprocta ferox*）
　　口絵 6; *100*, *101*
フォーブス 75, 76
フォン・フンボルト、アレクサンダー・
　　204
フォン・リンネ、カール・（von Linné, Carl）
　　29
ブキオトカゲ（*Oplurus* sp.） **167**
復旦大学 123
フクロアリクイ 36
フクロオオカミ（*Thylacinus cynocephalus*）
　　35, 36, 68
フクロシマリス 35
フクロモグラ 35
フクロモモンガ 35
フサエカメレオン属（*Furcifer*）
　　口絵 9; 165, 166
フサオマキザル（*Cebus apella*） 口絵 3
ふ蹠骨、エピオルニスとムレロルニスの
　　121

231

腐生植物················· 201, 202, **204**
フタユビナマケモノ（*Choloepus didactylus*）
　················· 口絵 1, 2; *70*
ブチハイエナ（*Crocuta crocuta*）······ 口絵 6
フデオアシナガマウス（*Eliurus myoxinus*）···
　················· **102**, *103*
フトアゴヒゲトカゲ（*Pogona vitticeps*）···
　··················· 口絵 9
フトオコビトキツネザル（*Cheirogaleus medius*）················· *93*
フニーバオバブ（*Adansonia fony*）··· *189*, **190**
負の自然選択················· *42*
ブラウザー··············· 170, *172*
ブラウンキーウィ（*Apteryx australis*）··· **128**
ブラウンキツネザル（*Eulemur fulvus*）······
　··············· 口絵 3, 4; *89*
フリンジヘラオヤモリ··········· 口絵 17; *167*
プレスチン················· *47*
プレート··············· *13*, *78*, *80*
プレート運動··············· *13*
プレートテクトニクス理論········· *78*
ブロケシア・スペルキリアリス（*Brookesia superciliaris*）··········· 口絵 9
分岐·······················
　17, **70**, *71*, *77*, *78*, *91*, *92*, *95*, *99*, *101*, *104*,
　119, **131**, *132*, *133*, *135*, *143*, *160*, *167*, *176*
分岐年代·············· 口絵 8; *38*, *52*,
　61, *62*, *71*, *92*, *95*, *96*, **131**, *132*, *135*, *167*, *187*
分岐年代推定法··············· *61*
分岐の順番··········· *77*, *78*, *119*, *135*, *187*
分子系統解析···················
　··········· *117*, *156*, *159*, *160*, *166*, *175*, *187*, *201*
分子系統学·············· *10*, *11*, *26*, **36**, **37**, *38*,
　46, *47*, *49*, *56*, *61*, *66*, *67*, *70*, *71*, *95*, *96*, *98*,
　101, *104*, *108*, *125*, *153*, *160*, *165*, *190*, *197*
分子系統学的な解析········· *47*, *190*, *197*
分子系統樹···················
　········· *17*, *48*, -*50*, *56*, *60*, *62*, *63*, *135*, *136*
分子系統樹解析··········· *50*, *53*, *60*, *65*
分子系統樹推定··········· *49*, *62*, *63*, *65*
分子系統樹推定の統計学··········· *61*
分子系統樹推定法··········· *53*, *62*, *65*
分子進化········· *42*, *44*, *45*, *47*, *53*, *56*, *119*
分子進化速度········· *38*, *39*, *40*, *41*, *42*, *44*, *61*, *71*
分子進化速度の一定性··············· *39*

分子進化の中立説··············· *39*, *42*
分子時計··············· *52*, *61*
糞生菌類··············· *24*, *25*
平胸類··················· *117*
ベイズ法··················· *62*
ベタンティ（Betanty）··············· *16*
ヘッケル、エルンスト・（Haeckel, Ernst Heinrich Philipp August）········· *32*, *33*
ヘッケルの系統樹（図）··············· *32*
ベニガオザル（*Macaca arctoides*）··· 口絵 3
ベニバシゴジュウカラモズ（*Hypositta corallirostris*）················· *158*
ヘビ··············· *167*, **168**, *169*
ヘモグロビン··············· *44*
ヘラオヤモリ属··············· *167*
ペリエバオバブ（*Adansonia perrieri*）······
　················· *189*, **192**
ペリネ（Périnet）··············· 口絵
　18, *19*; *15*, *17*, *84*, *93*, *97*, *168*, *182*, *186*
ベルテマウスキツネザル（*Microcebus berthae*）··············· *86*
ヘルメットカメレオン（*Trioceros hoenelii*）
　··················· 口絵 9
ペルム紀··················· *13*
ベレンティ（Berenty）···············
　······ *15*, *18*, *19*, *23*, *36*, *82*, *83*, *104*, *127*,
　157, *159*, *161*, *173*, *184*, *185*, *196*, *200*, *203*
変異遺伝子··············· **40**, *41*
変異遺伝子の集団への固定··············· *41*
変化を伴う継承（由来：Descent with modification）··············· *34*, *76*
ボア科··············· **168**, *169*
胞子化石··············· *24*, *25*
ホウシャガメ（*Astrochelys radiata*）······
　··············· *172*, **173**, *174*
ホウシャガメ属（*Astrochelys*）··············· *174*
ホウシャガメ属＋クモノスガメ属··············· *174*
放射性元素··············· *79*, *80*
放射線の発見··············· *79*
宝来聰··············· **120**, *121*
ホシホウジャク（*Macroglossum pyrrhosticta*）
　··············· **181**, *182*
ボシュイ、フランキー・（Bossuyt, Franky）···
　··················· *175*
捕食圧··················· *171*

索　引

捕食者……………………… 口絵 24, 25;
　　28, **97**, **100**, 105, 146, 155, 166, 172, 181, 184
ポストゲノム………………………………… 62
ポタモガーレ（*Potamogale velox*）……………
　　……………………口絵 5; 98, 99, **103**, 109
ポタモガーレ亜科（Potamogalinae）…………
　　…………………………………口絵 5; 98
北方獣類（Boreotheria）……………………
　　………………………口絵 1, 2; 68, **70**, 71, 81
マウスキツネザル…………………………… 82
マジュンガ（Majunga）→ マハジャンガ
マダガスカルウツボカズラ（*Nepenthes madagascariensis*）……………… 201, **202**
マダガスカルウミワシ（*Haliaeetus vociferoides*）…………………………… 162, **163**
マダガスカルオウチュウ（*Dicrurus forficatus*）
　　…………………………………… **161**, 163
マダガスカルオオコウモリ（*Pteropus rufus*）
　　…………………………………… **104**, 105
マダガスカルオナガヤママユ（*Argema mittrei*）………………………… 182, **183**
マダガスカルカエル科（Mantellidae）………
　　………………………口絵 19; 174, **175**, 176
マダガスカルクサガエル属（*Heterixalus*）…
　　…………………………………口絵 20; **176**
マダガスカルコノハズク（*Otus rutilus*）……
　　…………………………………… **161**, 163
マダガスカルコビトカバ……………………
　　…………………………… 106, 107, **108**, 153
マダガスカルザリガニ（*Astacoides* sp.）……
　　…………………………………… 185, **186**
マダガスカルザリガニ属（*Astacoides*：甲殻亜門十脚目の一属）……… 185, **187**
マダガスカルサンコウチョウ（*Terpsiphone mutata*）………………… 口絵 14; **160**
マダガスカルシキチョウ（*Copsychus albospecularis*）…………………… **159**, 160
マダガスカルジャコウネコ（*Fossa fossana*）…
　　…………………………口絵 6; **100**, 101, 102
マダガスカル食肉類……………………… *100*
マダガスカルジョロウグモ（*Nephila inaurata madagascariensis*）……………… **184**, 185
マダガスカルタテハモドキ…………………
　　…………………………… 口絵 22a, b; **183**
マダガスカル中央高地……………………… **17**, *18*

マダガスカルツチブタ……………… *106-109*
マダガスカルトキ（*Lophotibis cristata*）……
　　…………………………………… **163**, 164
マダガスカルの生き物とヒトとの関わり… *22*
マダガスカルの生き物の由来……………… *16*
マダガスカルの大きな川………………… **19**
マダガスカルの環境 ………………… *18,120*
マダガスカルの現生鳥類、および爬虫類と両生類………………………………… *156*
マダガスカルのコウモリ………………… *105*
マダガスカルの植物……………………… *188*
マダガスカルの節足動物………………… *178*
マダガスカルの絶滅した哺乳類たち…… *105*
マダガスカルの地史……………………… *13*
マダガスカルの地図……………………… **15**
マダガスカルのネズミ科………………… *102*
マダガスカルの哺乳類………………………
　　………………… 10, 65, 82, 104, 109, 142
マダガスカルの歴史……………………… *13*
マダガスカルバオバブ（*Adansonia madagascariensis*）…………………… **189**, *191*
マダガスカルヒメショウビン（*Corythornis madagascariensis*）……… 口絵 13; **160**
マダガスカルヒヨドリ（*Tylas eduardi*）……
　　…………………………………………… **158**
マダガスカルへの移住…………………… **103**
マダガスカル哺乳類相の特徴……………… *81*
マダガスカル哺乳類の起源………………**69**. *81*
マダガスカルマングース科（Eupleridae）……
　　………………………………口絵 6; **101**. *102*
マダガスカルミツメトカゲ……… 口絵 10; **167**
マダガスカルミドリオオタマヤスデ（*Sphaerotherium hippocastaneum*）…… 16, **17**, *178*
マダガスカルレンカク（*Actophilornis albi-nucha*）………………… 口絵 16; *164*
マタコミツオビアルマジロ（*Tolypeutes matacus*）
　　……………………………………… 口絵 2
間違った分子系統樹………………………… *56*
マッコウクジラ……………………………… *47*
マデルスパッカー、フロリアン・
　　（Maderspacher, Florian）…………… *149*
マナティー………………………… 口絵 2; *67*
マナンブル川（Manambolo）……………… *21*
マハジャンガ（Mahajanga）……………… **15**
マーラ（*Dolichotis patagonia*）…… **31**, *65*, *74*

233

マルミミゾウ（*Loxodonta cyclotis*）… 口絵 1
マングース科(Herpestidae)… 口絵 6; *101*, *102*
曼荼羅（Mandala）……………………… *34*
マントヒヒ（*Papio hamadryas*）…… 口絵 3
マントルの対流………………………… *80*
マンモス……………………… 25, 67, 69, 153
ミーアキャット（*Suricata suricatta*）
……………………………………… 口絵 6; *101*
ミジカヅノカメレオン（*Calumma brebicorne*）
……………………………………………… 口絵 9
ミズテンレック（*Limnogale mergulus*）
………………………………… 口絵 5; 98, 99. 109
ミヅレイ、ジェレミー（Midgley, Jeremy）… *152*
ミツヅノカメレオン属（*Trioceros*）………
……………………………………… 口絵 9; *165*
ミトコンドリア……………… 42, 49, 119, 120, 138
ミトコンドリア DNA………………………………
………………… 43, 55, 120, 121, 124, 127, 132, 145
ミトコンドリア・ゲノム………………………
………………… 119, 120, 123, 130-132, 137, 138, 147
ミトコンドリア・ゲノム解析 ……………… *130*
ミナミコアリクイ（*Tamandua tetradactyla*）…
……………………………………………… *70*
ミナミザリガニ科（Parastacidae）…………
……………………………………………… *186*, *187*
ミミセンザンコウ（*Manis pentadactyla*）…
……………………………………………… 口絵 2
宮田隆…………………………………… *43*, *45*
ミヤビキノボリトカゲ（*Japalura splendida*）
……………………………………………… 口絵 9
ミリンコヴィッチ、ミシェル・（Milinkovitch, Michel）……………………………… *175*, *176*
無根系統樹（unrooted tree）……… *52*, *53*, *120*
無足目……………………………………… *174*
ムルンダヴァ（Morondava）…… 口絵 16, *22a*,
 22b, *23*; *15*, *21*, *22*, *86*, *150*, *167*, *190*, *194*
ムルンベ（Morombe）…………………………
…………………………… 口絵 25; *15*, *98*, *188-190*
ムレロルニス（*Mullerornis* sp.）…………
……………………… *115*, *119*, *121*, *122*, *123*, *132*
ムレロルニス・アジリス（*Mullerornis agilis*）
……………………………………………… *114*
ムレロルニス属（*Mullerornis agilis*）…………
……………………… 口絵 8; *108* 116, 144, 154
名誉哺乳類……………………………… *140*

メガネザル下目（Tarsiiformes）……… 口絵 3
メガラダピス……… 口絵 4; **87**, 88, 93, 94, 154
メガラダピス・エドワルディ（*Megaladapis edwardsi*）…………………………… *87*, *88*
メガラダピス・グランディディエリ
（*Megaladapis grandidieri*）……… 口絵 4; *88*
メガラダピスの頭骨……………………… *87*
メンフクロウ（*Tyto alba*）……… **128**, **129**
モア……………………… 114, 116-120, 124,
 125, 132, 133, 138-140, 143-145, 153 - 155
モア科（Dinornithidae）… 口絵 7, 8; *119*, *144*
猛獣の爪………………………………… *27*
目………………………………………… *31*, *33*
モグラ……………………… 37, 66, 68, 96. 98
モダマ（*Entada rheedei*）………… 200, **201**
モダマ属（*Entada*）…………………… *200*
本吉洋一…………………………………… **129**
モリアオガエル（*Rhacophorus arboreus*）… *175*
森宙史……………………………… 123, **124**, 130
モルモット（*Cavia porcellus*）………………
…………………………… 57, 58, 59, **64**, 65, 74
門……………………………………… **29**, 31
ヤク（*Bos grunniens*）……… 口絵 2; *43*
ヤクシカ（*Cervus nippon yakushimae*）………
……………………………………………… 口絵 2
ヤクシマザル…………………………… *89*, *154*
ヤスデ…………………………………… *16*, *17*
安永照雄………………………………… *45*
ヤドクガエル科（Dendrobatidae）……… *175*
山岸哲……………………………… *158*, *208*
山階鳥類研究所………………………… *120*
ヤン・ジーヘン（楊子恒＝Ziheng, Yang）…
……………………………… *61*, *62*, *71*
有害突然変異…………………………… *42*
有袋類（Marsupialia）………………… 口絵 1
有袋類の爪……………………………… *27*
尤度（Likelihood）………… *50-52*, *54*, *60*
尤度計算法、1つの座位の〜……… *50*, *51*
有毛目（Pilosa）……………………… 口絵 2
遊離酸素濃度…………………………… *138*
有鱗目（Pholidota：別名・センザンコウ目）
……………………………………………… 口絵 2
ユーラシア大陸………………… *15*, *68*, *91*
葉食性………………………………… 170. 172
羊膜…………………………………… *27*

索　引

羊膜類（Amniota）……… 口絵 1; *27, 28, 34*
翼手目（Chiroptera：別名・コウモリ目）…
　……………………………… 口絵 2
予言されたもの（praedicta）………… *180*
ヨザル（*Aotus* sp.）………… 口絵 3; *90*
米澤隆弘……… *123,* **124**, *130, 134-136*
ライオン（*Panthera leo*）………………
　……… 口絵 6; *9, 27,* **103***, 155, 207*
ライオンゴロシ（*Harpagophytum procumbens*）
　…………………………… *150,* **152**
ライオンゴロシの実………… *150,* **152**
ラクダ科………………………………… *69*
ラヌマファナ（Ranomafana）…… *15,* **110**
ラフレシア（キントラノオ目）……… *201*
ラマルク、ジャン・バティスト・（Lamarck, Jean-Baptiste）………………… *30, 31*
ラミー（*Canarium madagascariensis*）……
　……………………… **85***, 86, 200, 203*
ラン………………………… **178***, 179, 180*
リクガメ………………… *172,* **173***, 174*
リクガメ科……………………………… **173**
リクガメ属（*Geochelone*）………… *174*
リス……………………………………… *68*
リス科（Sciuridae）…………………… **31**
陸橋……………………………… *76, 104*
陸橋説………………………………… *104*
リトルニス………………………………
　口絵 8; *118, 119,* **131***, 133,* **134***, 135, 136, 138*
リトルニス科（Lithornithidae）…… 口絵 8
リプサリス属（*Rhipsalis*：サボテン科の一属）
　……………………………… *193,* **195**
リプサリス東天紅（*Rhipsalis tonduzii*）… **195**
リポたんぱくリパーゼの分子系統樹……… *65*
竜骨突起…………………… *117,* **118***, 133*
両生類………………………………… *156, 174*
鱗翅目………………………………… *182*
リンネ、カール・フォン・→「フォン・リンネ、カール・（von Linné, Carl）」参照
リンネの階層分類…………………………… *29*
ルリイロマダガスカルモズ（*Leptopterus madagascarinus*）……………… *156,* **158**
レア科（Rheidae）……………… 口絵 8
霊長目（Primates：別名・サル目）……
　…… 口絵 2, 3, 4; *9,* **29***, 31, 58, 68, 89, 92*
霊長目系統樹曼荼羅…………… 口絵 4; *89, 92*
霊長類………………………………………
　27, 28, 55, **72***, 75, 82, 86,* **87***, 89, 197*
レムール（＝キツネザル）………… *82*
レムリア大陸………………………… *13, 94*
ローラシア超大陸…………… *13, 68,69, 71*
ロリス………………………………… *90*
ロリス下目（Lorisiformes）……………
　……………… 口絵 3; *90-92, 94- 96*
「ロリス下目の出インド起源説」………… *91*
ロリス下目の出インド起源説の可能性…… *94*
ワオキツネザル（*Lemur Catta*）………
　………………… 口絵 3, 4; *21,* **82***, 93, 99, 101, 197, 198,* **200**
ワオマングース（*Galidia elegans*）………
　………………………… 口絵 6; ***100****, 101*
ワニ…………………………… *28,* **169***, 170*
ワニ類（Crocodilia）……… 口絵 1; *28*

著者：長谷川政美（はせがわ　まさみ）

　　1944 年，新潟県生まれ．1966 年東北大学理学部物理学科卒業，70 年名古屋大学大学院理学研究科博士課程中退．同年，東京大学理学部助手．統計数理研究所研究員を経て同研究所助教授，教授．その後，復旦大学（上海）教授を経て現在，統計数理研究所名誉教授，総合研究大学院大学名誉教授．山階鳥類研究所特任研究員，進化学研究所外来研究員．理学博士 (東京大学)．ライフワークとして進化生物学を研究してきた．
　　主な著書：『DNA からみた人類の起原と進化』（海鳴社），『新 図説 動物の起源と進化』（八坂書房），『系統樹をさかのぼって見えてくる進化の歴史』（ベレ出版）など．
　　受賞：1993 年，日本科学読物賞．99 年，日本遺伝学会木原賞．2003 年，日本統計学会賞．05 年，日本進化学会賞・木村資生記念学術賞．

マダガスカル島の自然史
　　2018 年 9 月 20 日　第 1 刷発行

発行所：㈱海鳴社　http://www.kaimeisha.com/
　　　〒 101-0065　東京都千代田区西神田 2 - 4 - 6
　　　E メール：kaimei@d8.dion.ne.jp
　　　Tel．：03-3262-1967　Fax：03-3234-3643

JPCA

発　行　人：辻　信行
編　　　集：木幡赳士
印刷・製本：シナノ

本書は日本出版著作権協会 (JPCA) が委託管理する著作物です．本書の無断複写などは著作権法上での例外を除き禁じられています．複写（コピー）・複製，その他著作物の利用については事前に日本出版著作権協会（電話 03-3812-9424, e-mail:info@e-jpca.com）の許諾を得てください．

出版社コード：1097　　　　　　　　　© 2018 in Japan by Kaimeisha
ISBN 978-4-87525-342-6　　落丁・乱丁本はお買い上げの書店でお取替えください

||||||||||||||||||||||||||||||||||| 海鳴社 |||||||||||||||||||||||||||||||||||

DNAからみた人類の起原と進化 —— 分子人類学序説（増補版）
長谷川政美／ミトコンドリアDNA分子時計に加え、新たに核ＤＮＡデータからヒトとアフリカ類人猿の分岐年代を考察。進展著しい分子人類学の成果。　46判304頁、2500円

胞衣（えな）の生命
中村禎里／後産として産み落とされる胎盤や膜はエナといわれ、穢れたものとみる一方で新生児の分身ともみなされ、その処遇に多くの伝承や習俗を育んできた。　46判200頁、1800円

人体　5億年の記憶 —— 解剖学者・三木成夫の世界
布施英利／【養老孟司推薦：人の心と体が、5億年の歳月を経て成立したことを忘れるな。ヒトとは何か、それを知ったつもりでいる現代人の驕りへの警世の思想を三木成夫は持っていた。その三木の世界を理解するための必読の書である。著者の解説が素晴らしい。】　46判246頁2000円

越境する巨人 ベルタランフィ —— 一般システム論入門
M.デーヴィドソン著、鞠子英雄・酒井孝正訳／現代思想の記念碑的存在＝ベルタランフィの思想と生涯。理系・文系を問わず未来を開拓するための羅針盤。　46判350頁、3400円

産学連携と科学の堕落
シェルドン・クリムスキー著、宮田由紀夫訳／大学が企業の論理に組み込まれ、「儲かる」ものにしか目が向かず、「人々のため」の科学は切り捨てられる…現状報告！　A5判268頁、2800円

森に学ぶ —— エコロジーから自然保護へ
四手井綱英／70年にわたる大きな軌跡。地に足のついた学問ならではの柔軟で大局を見る発想は、環境問題に確かな視点を与え、深く考えさせる。46判242頁、2000円

|||||||||||||||||||||||||||||||||||||||||||||||||||||||||||||||||||||||||||||||
（本体価格）